妊然心动
REN RAN XIN DONG

孕 期 心 理 音 乐 处 方

郑佳雯 ◎ 著

北方文艺出版社

图书在版编目（CIP）数据

妊然心动：孕期心理音乐处方/郑佳雯著 . -- 哈尔滨：北方文艺出版社，2018.1
ISBN 978-7-5317-4051-3

Ⅰ.①妊… Ⅱ.①郑… Ⅲ.①孕妇-心理保健 Ⅳ.
①B844.5

中国版本图书馆CIP数据核字（2017）第248470号

妊然心动：孕期心理音乐处方
Renran Xindong Yunqi Xinli Yinyue Chufang

作　者 / 郑佳雯	
责任编辑 / 路　嵩　张贺然	封面设计 / 琥珀视觉
出版发行 / 北方文艺出版社	网　址 / www.bfwy.com
邮　编 / 150080	经　销 / 新华书店
地　址 / 黑龙江现代文化艺术产业园D栋526室	
印　刷 / 北京东君印刷有限公司	开　本 / 710×1000　1/16
字　数 / 177千	印　张 / 12.5
版　次 / 2018年1月第1版	印　次 / 2018年1月第1次印刷
书　号 / ISBN 978-7-5317-4051-3	定　价 / 28.00元

序曲　当音乐降临

本书特别为孕妈妈而设计，因为再也没有什么比做一个妈妈更令一个女人感到重要的事了。本书正是希望能够成为针对这一群体的妈妈们，设计一套安全的音乐调试情绪指导手册。尽管目前国内已经出版过一些和孕期心理有关的书籍，但内容主要围绕产科的医学知识展开，对于那些每天忙于登录各类孕期网站和社群的孕妈妈来说，仍缺乏一本专业的心理指导书籍，而本书正试图填补这一空白。

本书试图帮助孕妈妈对特殊时期的情绪问题及复杂的内心世界产生更清晰的理解和认识：一方面，孕期为什么会发生这么多的心理变化；另一方面，则是我们如何理解情绪并用音乐处理这些情绪的问题，从而帮助自己孕出好心情，生产出健康的宝宝。

每个人都听音乐，音乐无所不在。它不仅带给我们快乐的情绪，还能带给我们灵感。唾手可得的音乐不需要耗费太多精力与金钱，我们随时随地可以选择自己喜欢的音乐，所以再也找不到比音乐更安全、更健康、更智慧的方式来调试情绪了。如此看来，其实我们早已在用音乐不断地自我修复与调试自己的内心，只是我们自己浑然不知。

"音乐就像夏枯草一样，一般人会拿来当凉茶，不过除了凉茶以外，医师会按照来访者的情况与需要使用它，夏枯草在医师手里便不只是凉茶，而是药引。"由此可见，音乐虽然是情绪调试中的载体，但整个过程的灵魂——音乐治疗师起着更为重要的作用，因为他们掌握了更为专业的知识，而且受过专业的训练，因此懂得将音乐与心理学结合起来作用于不同的情绪，就像中医一样深谙各种草药的特点，运筹帷幄，起死回生。

大家看到这里恐怕会疑惑——如此专业，我们怎么能学得懂？连懂都不懂，又何谈应用呢？

大家不要担心，本书就是要用浅显的文字让你学会用音乐对情绪进行识别与超越的"傻瓜式"的方法，让每个人都成为自己的音乐心理调适专家。

我希望用最生动的语言教会大家音乐调试的方法，当然，偶尔也会提到枯燥的心理学理论，但是我会尽我最大的能力让这些枯燥的理论变得有趣一些。

不过，你要记住的是，我们这里说的是音乐心理调适，可不是音乐治疗。如果出现严重的心理问题，还是需要请专业的治疗师来帮忙，请牢牢记住这个基本原则。

埃利的丈夫是一位军人，因为工作的原因被派驻到非洲的一个沙漠，埃利也一同前往。由于埃利的丈夫公事繁忙，埃利经常见不到丈夫，只有一个人留在基地的小铁屋中。

沙漠的天气及其炎热，埃利没有办法完全适应这里的环境；又因为语言的问题，埃利又没办法与当地的居民交流。这里的一切都令埃利很难过，她越是思念家人和朋友，越是对这一眼望不尽的沙漠感到反感。她不断地给家里人写信，每封信都在抱怨自己的不舒适感：这里太炎热，皮肤开始皲裂，这里的人不友好，没办法沟通，每次出门都觉得紧张、害怕。自己实在是坚持不下去了，她要抛开这一切回国去。

就在她打算回国的前几天，丈夫觉得很愧疚，没有能够好好照顾埃利，所以决定带埃利到周围去看看。埃利极其不情愿，觉得这个沙漠实在没有什么值得欣赏和留念的地方，但是又不想伤了丈夫的心，只好跟着他出去了。

一路上，埃利的丈夫给埃利讲这里的各种风土人情，埃利却始终提不起兴致。突然，一阵铃铛的响声从远处传来，那欢乐的铃声伴着骆驼的脚步声，埃利突然觉得这个死气沉沉的沙漠原来充满了活力。她跟随着这铃声自由地起舞，脚底踩着的沙子软软的，挺舒服的，远处的夕阳是那么美。还有远处传来的一声声民歌，虽然听不懂是什么意思，但是却充满了希望和力量。埃利觉得自己好像找到医治自己的药方——音乐。

埃利开始用音乐与舞动的手势与当地的居民交流。当地人被热情的埃利感动，友好地回应她，并与她一起分享音乐。在悠扬的音乐声中，他们相互诉说自己的感受以及自己的故事。在这种深入的交流过程中，埃利很快与当地居民成了好朋友，他们将连自己都舍不得卖给观光客的东西送给了埃利。埃利渐渐喜欢这一眼望不尽的沙漠以及这里朴实的居民，她开始快乐地生活在这片土地上。

埃利后来在自己的日记中写道：音乐仿佛是敲开心门的钥匙，也是抚平焦虑的暖流，因为音乐，她不再紧张、焦虑，而是快乐、轻松。

音乐是世界的语言，虽然不同国籍的人有着不同的语言，但有共同的联觉反应和情绪感受，音乐可以让人们无障碍地享受沟通。因为音乐并非天马行空般的抽象，反而是非常具有组织性的，它的构建包括了旋律、节奏、和弦及音量等元素。由于音乐本身就具有结构，因此带来了沟通的方便。

本书由七章构成，分别对焦虑、疼痛、抑郁、失眠造成的心理成因进行剖析，对音乐调试给出具体方法，在操作上则采用半自助的方式，并在最后增加了有关无痛分娩和音乐胎早教的内容。本书每一章节的后面增加了一栏"跟我学点心理学"，是专门为想更深入了解心理学原理的心理学从业者和爱好者而设计。其间，作者查阅了国内外大量的心理学研究，内容均以教科书的心理学理论为指导。鉴于目前国内灵修和伪心理学泛滥，所以没有在高校教材中出现过的心理学原理将不作为本书的内容指导，书中所提及的音乐调试方法不仅适用于孕产期，也适用于普通人的情绪调试。

本书作者有八年的心理咨询经验，积累了近千例心理辅导案例，同时曾为成都月靓母婴机构的几百位孕妈妈提供心理服务。本书将结合临床实际工作经验，在隐去当事人姓名的前提下，对其中鲜明的个人特征或事实情况进行了多处修改，以此来进一步保护她们的个人身份不被泄露。

因为版权的关系,我们无法将推荐的音乐制作成CD赠与读者,所幸音乐的获得在互联网时代唾手可得,读者可在正规音乐网站自行下载。

目 录

第一章 怀孕，你准备好了吗?

放轻松，你需要的只是静静 …… 003

跟我学点心理学 ………………… 006

音乐膳食 ………………………… 012

Tips：其他小建议 ……………… 020

案例分享 ………………………… 025

第二章 生理反应——无法摆脱的困扰

生理反应准妈妈都会遇到 ……… 031

跟我学点心理学 ………………… 037

音乐膳食 ………………………… 041

Tips：其他小建议 ……………… 049

案例分享 ………………………… 055

第三章 失眠——辗转反侧就是睡不着

人人都会有失眠的时候 ············ 059

跟我学点心理学 ··············· 062

音乐膳食 ····················· 066

Tips：其他小建议 ············· 076

第四章 易怒——变成了暴躁的小狮子

我怎么无法控制自己的情绪？ ··· 083

跟我学点心理学 ··············· 086

音乐膳食 ····················· 091

Tips：其他小建议 ············· 099

第五章 抑郁——一场心灵的感冒

申　明 ······················· 107

抑郁情绪还是抑郁症？ ········· 108

跟我学点心理学 ··············· 114

音乐膳食 ····················· 119

Tips：其他小建议 ············· 127

案例分享 ····················· 130

第六章　音乐无痛分娩

分娩，无法承受的疼痛 ……… 135

音乐缓解分娩疼痛 ………… 140

音乐无痛分娩的方法 ………… 143

第七章　音乐胎早教

第一部分　音乐胎教 ……… 153

音乐胎教为何物？ ………… 153

音乐胎教的方法 …………… 156

Tips：音乐胎教注意事项 …… 161

第二部分　音乐早教 ……… 164

音乐早教为何物？ ………… 164

音乐早教的方法 …………… 169

Tips：音乐早教注意事项 …… 172

尾　声

临别时刻 ………………… 179

参考书目 ………………… 180

参考文献 ………………… 182

英文参考文献 ……………… 186

第一章 怀孕，你准备好了吗？

焦虑情绪的音乐处方

放轻松，你需要的只是静静

恭喜你！你有喜了！当周围的人都在向你道贺的时候，你的心情是不是有点百感交集。若是这个孩子是上帝送你的一个意外的惊喜，也许你现在感受到的不仅仅是惊喜，似乎还感觉到有点惊吓。你是不是觉得自己还是个孩子，还没做好当妈妈的准备，有些不能接受这个事实？即使是计划已久的怀孕，当你得知自己怀孕的时候，除了惊喜是不是也有些手足无措的感觉？是的，无论这个宝宝是不是你计划中的，无论你是从医生口中还是通过早孕试纸知道自己怀孕了，此时都会发现自己陷入兴奋、害怕、如释重负、难以置信或是迷惑的情绪中。

当然，也有人会庆幸，因为你不是第一次怀孕了，你已经有了当妈妈的丰富经验，你不必担心自己是否能成为一个合格的妈妈，不必担心自己会无法适应孕期的身体心理上的不适。但是，你很快发现你开始要面临一个新的问题：那就是如何将这件值得高兴的事告诉家里的大孩子。你发现自己很难跟他（她）开口，因为他（她）曾经对自己说过，自己不想要弟弟或者妹妹；你发现自己很难跟他（她）讲清楚，因为他（她）开始认为你不再爱他（她）了；甚至发现他（她）有些抵触自己怀孕的事，因为不久的将来就会有一个新的生命来和他（她）一起分享你的爱。

是的，从单独二孩到全面开放二孩政策，越来越多的家庭都像你一样选择再要一个宝宝。但是，对于你们来说，老大的情感波动与心理调节带来的冲击力可能要远远大于喂养年幼的老二。

无论你是面临什么样的问题，我都相信我们会有解决的方法。所以请放轻松，接下来，我们将一起来分享刚怀孕时的心情，一起解决怀孕早期所面临的问题。

情绪变化：焦虑

对于初次怀孕的准妈妈来说，虽然迎接一个新生命的来临是一件令人喜悦的事，但很快会发现怀孕后发生的一切都是陌生的。于是对将要发生的事有一种担忧和恐惧的心理。也许你会担忧小宝宝会不会有缺陷，比如多一根手指或少一根脚趾，担忧自己两周前服用的抗生素会不会对宝宝产生不良影响，曾经感冒过的你担忧自己服过的药是不是会影响到宝宝的发育。

你甚至可能会担心有了小宝宝会影响你的工作、生活状态、婚姻品质、时间分配，就算这是你的第二个小孩，你还是免不了产生这样的疑虑：我是不是再也无法掌控自己的生活？有了小孩之后的生活将是怎么样的，是不是会有巨大的变化，自己无法适应？自己再也无法回到没有小孩时无忧无虑的生活了？

是的，你的生活将发生巨大的变化，你能够意识到这些就说明了你已经在无意识的层面开始准备迎接这个变化了，所以现在请你开始准备，以应付即将到来的改变。诸如这样的担忧，常使你处于不良的心理状态中。担忧、恐惧、焦虑，都会使肾上腺素的分泌增强，假如精神长时间处于担惊受怕、高度紧张之中，通过神经内分泌机制的调节，肾脏会分泌大量肾上腺素。肾上腺素堆积过多，会直接影响到宝宝的成长发育。

一个轻松愉悦的心情不仅对你自己有好处，对自己的孩子也是有好处的。你要知道，所有的人在面对未知的时候都会有焦虑。

记住，你不是一个人，我们将一起面对。

音乐调试焦虑

心理学研究表明，我们在日常生活中，常常会遇到各种各样的困难，为了解决这些问题，最终能够实现自己的目标，我们必须克服困难。而困难的出现以及解决困难的过程都会引起我们内心的不安和紧张，严重的时候甚至会给人带来恐惧，形成焦虑，所以焦虑在所难免。怀孕对于一个初孕妈妈来说，不亚于重大应激事件，这个巨大的、未知的变化会让你感到紧张、不安等焦虑，这都是正常的。人都会有焦虑，焦虑是让我们产生存在感的一个证据。所以不要太过于关注自己的焦虑情绪，这样可能会进一步加重你焦虑的感受。要知道正常的情绪反应是有助于我们适应环境的。情绪的产生会引起我们生理上产生相应的变化，会使人的呼吸系统、循环系统、内分泌系统等各项身体指标发生变化，如呼吸加速会增加体内氧化作用；心跳加快，血压升高，是要增加血液循环。身体内含氧量以及血液循环的增加能够给我们的大脑带来更多的能量，提高我们的注意力，加快我们的思考速度，让我们更好地解决问题。试想，如果我们在情绪发生的时候没有这些指标的变化，如何适应复杂的环境情况。

情绪的适应功能主要表现为身体各项指标的变化能增加体内机能。体内机能的增加对人的行为的影响有两种：一是对人的活动起积极的增力作用，二是消极的减力作用。积极的增力作用表现在人在情绪发生的时候可以激发沉寂在体内的潜能，尤其是人处在应激状态的时候，可以做出平时根本不可能做到的事情，对行为和活动起积极作用。

你是否发现自己有时候在压力的情况下会更容易完成工作中的任务？消极的减力作用表现在人的情绪并不是都对身体和行为起积极增力作用，有的情况下会起反作用，同样你会发现在持续的压力环境下，自己似乎更容易疲惫，更容易忘记一些事情，正如此刻正焦虑着的你。

你一定有过这样的体验，在开始解决一个具有挑战性的任务时，你会有充沛的精力，情绪高涨，思维活跃。但是如果这挑战一直没法解决，你会一直处于焦虑情绪中，有时甚至会感受到全身疼痛，没有力气。这也就表明了情绪对我们的活动既有积极的推动作用，也有消极的阻碍作用，我们如何利用情绪的积极作用，减少消极作用？我们首先应该学会如何调适情绪，这也是本书最重要的目的，教会大家使用音乐来更有效地调适自己的情绪。

跟我学点心理学

焦虑情绪还是焦虑症？

我们在这里对焦虑情绪和焦虑症做一个简单的区分，因为很多人会把这两个概念混淆，导致没有能够得到及时的专业帮助。首先，大家要清楚，我们书中所说的是焦虑情绪，情绪是一个短暂的、即时的心理反应，会因为环境的变化而变化；而焦虑症属于神经症中的一种，它是一种长期的心理状态，需要进行专业的治疗。

焦虑症是对实际上并不存在危险或威胁事物或者事件，感到紧张、担心和恐惧，或者是感受到紧张不安和恐惧的程度与现实所处的情景不相符合，会出现自主神经系统症状和运动不安。换句话说，焦虑症一般有两种情况：一种是现实中没有引起焦虑情绪的刺激物，也就是无缘由地感到紧张不安和恐惧；另一种就是焦虑情绪与所处的环境不相符合，比如，有些幽闭恐惧症的人，会对电梯等密闭的空间产生恐惧，而这种环境一般来说是没危险的。

焦虑症相对于一般性焦虑更为严重，它会严重影响我们的日常生活，其临床表现主要包括以下三方面：

1. 与处境不相称的痛苦情绪体验，主要表现为没有确定的客观对象和具体而固定的观点内容的提心吊胆和恐惧，即所谓的没缘由的焦虑。

2. 精神运动性不安，常见的行为表现为坐立不安，来回走动，甚至奔跑喊叫，也可以表现为不自主地震颤和发抖。

3. 伴有身体不适的植物性神经功能障碍，如出汗、口干、头晕、全身尤其是两腿无力等。

焦虑似乎时时刻刻陪伴着我们，只是每一刻焦虑的原因不同罢了。请你回想一下，在怀孕之前，你是不是也有同样的感受：双肩紧缩，背部肌肉紧张，身体疲惫，内心不安。我相信每个人都会有这种感受，我们每天都会为生活中的琐事烦心，有时候是因为工作压力大，有时候是因为家务事太多，甚至有时候只是因为不知道午饭吃什么而焦虑。

所以放轻松，焦虑其实很常见，并不是你独有。

弗洛伊德看焦虑

正因为焦虑是我们人类最为普遍的一种情绪，所以我们对焦虑的研究也是历史悠久。最早对焦虑进行研究的心理学流派要属精神分析派了。作为人类，我们有一种天生的本能，那就是寻求快乐。我们每个人都希望获得幸福，追求快乐，但是我们不会为了自己的幸福快乐而不择手段，我们会遵循社会的规范和伦理道德。当我们无法获得快乐的时候，我们的情绪当然会发生变化。可能有人会说，当我们的需求没有得到满足的时候，第一反应应该是生气。但是请你仔细想想当时的自己，到底是生气呢，还是焦虑？

我们的焦虑常常是来源于快乐的需求得不到满足，因为我们不仅受到生活环境的现实约束，还受到社会的规则限制，双重限制让我们不得不屈服。因为我们不仅仅希望自己能够快乐和幸福，更希望自己能够得到他人的认可。孕妈妈同样也希望获得快乐，而孕育新的生命本身就是一件快乐的事，却不知为何现实却是一团糟。生理上的不舒适感以及心理上的压力，都导致了孕妈妈心理上不高兴。同时，孕妈妈也希望自己能够成为一个合格的妈妈，但是面对没有经验手足无措的自己，是不是会感到失望无力？当现实和理想出现差距的时候，我们当然会焦虑，因为我们试图朝着理想前进，但是现实却阻碍我们前行。你是不是试图用各种方法去扫除追求快乐道路上的一切阻碍？

当你无法获得快乐的时候，你会采用这种手段来弥补这种失落感。你是不是试着不要去关注生活中的不如意，结果更糟，明明努力不去注意那些烦心事，可是反而更加关注了？心理学中有一个有趣的实验，要求被试者试图忘记一个词语，比如，大象。过一段时间后，再问被试者，还记不记得刚刚要求遗忘的词语，结果一般被试者会回答说，脑子里一直有这个单词，挥之不去。可是因为我们在试图忘记的同时其实正是在给予注意，当然也就忘不掉了。不信，你可以试一试，看是不是能赶走头脑中的"大象"。

当然，你是不是也尝试着去忍耐周围的一切。当忍耐达到极限的时候，我们会明显地体验到焦虑的情绪，最后终究会出现大爆发，结果变得更加糟糕，仿佛验证了"不在沉默中爆发，就在沉默中死亡"。这些忍耐都是在试图将不满压抑下去，而压抑并不能解决根本问题，每一次压抑只会缓解当时的焦虑，但会进一步加剧后续的焦虑。这就需要采取其他的方法来调节焦虑情绪，比如运动发泄、放松训练、注意转移等，当然还有本书中介绍的音乐调适的方法。

另外，我们也会受到文化因素的影响。生活中我们不仅要考虑自己的感受，同时也会顾及身边人的感受。比如，有些孕妈妈妊娠反应严重，根本吃不了多少东西，一看到食物就作呕，一吃就吐。可是这时候，婆婆不愿意了，孕妈妈不吃，宝宝哪里来的营养呢？所以她们会极力劝说孕妈妈，为了肚子里的孩子好，还是尽量多吃。于是，孕妈妈们只得勉为其难地吃。有些孕妈妈甚至还要被"逼迫"吃一些平时非常不爱吃但是营养价值高的食物。这些委曲求全都会影响我们的情绪。有时候，孕妈妈甚至会产生一种孤独感和无助感，觉得自己生活在富有敌意的世界里，从而产生焦虑情绪。这也是为什么常常会有孕妈妈抱怨自己的丈夫不理解自己，不支持自己，进一步恶化家庭间的人际关系，使人与人之间产生敌视，使孕妈妈产生孤独无助感和荒谬不安的感觉，进一步导致情感隔离。这个时候，家人给予的支持和关心是非常重要的。

罗洛·梅看焦虑

不同的心理学家对焦虑产生的看法不同,而他们的理论并没有对与错的差别,只是他们看事物的方式不同而已。因此有些理论可能会很好地解释你的心理状况,而有些理论可能很好地解释别人的心理状况,我们在了解这些理论的时候,不要盲目地去遵循所有的观点和看法,而应该选择最适合自己的。

人本主义心理学大师罗洛·梅认为焦虑是人的存在不可避免的一个方面,是由人的内在冲突引发的情绪反应。焦虑是我们受到威胁时的一种反应。那我们受到什么威胁时会产生焦虑情绪呢?首先,当我们的存在受到威胁时,我们会体验到高强度的焦虑。存在包括个人的生命和同生命有同等意义的价值观,当自我力量对威胁无力解除时就会体验到焦虑。不用说,生命受到威胁的时候,当然会产生焦虑。而生活中我们更多时候是价值观受到威胁。比如,孕妈妈常常和自己的婆婆有着不同的育儿观,这也是每个孕妈妈最常遇到的一个冲突。

首先,笔者在临床中碰到和老人观念不一致频率最多的问题是:孩子哭了抱不抱?

这个冲突常常是导致孕妈妈焦虑的原因,而有效沟通是解决这个问题的根本方法,当然在沟通之前要有一个平和的心态,所以缓解焦虑情绪是非常重要的。

其次,内部冲突也会产生焦虑情绪。人在实现自我的过程中,在不同选择的权衡取舍中必然产生内部心理冲突,引发焦虑。对于孕妈妈来说,孕育生命其实也是实现自我的一个重要过程,在这个过程中孕妈妈同样会面对各种不同的选择,比如孕期的饮食、作息等等。当孕妈妈制订了一个非常周详的饮食作息计划而又没有遵守的时候,她们就会产生焦虑的情绪,会担心自己是不是会影响到宝宝的健康,自己是不是没有能力去孕育一个健康的宝宝,甚至觉得自己无能,就连一个简单的作息习惯表都无法遵守,从而失去价值感。其实这种无能感几乎每个新手妈妈都有体验过,没有人一生下来就会做妈妈,母亲的角色也是在生活中一步一步学会的,所以偶尔失误是正常的,我们要学会原谅自己,对自己宽容。也就是说，我们应该正视生存和自由中固有的焦虑，发展自我的生命力，正确认识和深刻地把握人的存在，积极采取建设性的意志活动去应对焦虑、实现自我，实现其作为一个独特个体存在的独特性。

希金斯看焦虑

对于诸多心理学流派对焦虑的解释，我个人更关注认知流派对其的解释，这可能是和我自身的体验有关，希望大家也能从希金斯的观点中获得一些体悟。希金斯认为当实际的自我、理想的自我以及应该的自我出现不一致的时候会产生焦虑情绪。实际的自我，也就是此刻的自己是什么样子；而理想的自我，是我们希望自己是什么样子，包括梦想、抱负等等；应该的自我，是社会希望我们是什么样子，包括义务和责任。

即使日常生活中，这三个自我也会经常不一致。孕妈妈在孕期最常遇到的是实际自我和理想自我的不一致，而这种不一致是产生焦虑的根源。我相信每一个孕妈妈都希望自己能成为一个完美妈妈，对自己要求严格，只要是关于宝宝的一切事情，都必须亲历亲为，小心谨慎。但是我们是凡人，何况还是新手妈妈，难免会失误。而一旦失误，孕妈妈就会认为现实的自己太差劲，与完美妈妈相差甚远，甚至几次失误后，都无法相信自己能够成为一个合格妈妈，这种无能感更加剧了孕妈妈的焦虑。

另外，90后妈妈们很多有饮酒或吸烟的习惯，而为了宝宝的健康，孕妈妈应该尽量减少尼古丁和酒精的摄入，可是有时候实在控制不了酒瘾与烟瘾，就偷偷尝了几口，这倒是过了嘴瘾，可是心理却过不去了，自责得不行。其实这也是实际自我与应该自我的冲突，从而导致了焦虑情绪的产生。

那么，我们为什么会时常产生一些内部的冲突呢？心理学家艾利斯认为不合逻辑或不合理的认知是导致大部分情绪困扰和心理问题的最主要的原因。这些不合理的认知很容易导致焦虑的产生。那大家试着想一想，不合理的认知会具有什么特点呢？

1.绝对化要求。就是你主观认为某一事情、事物一定会发生、出现，或不会发生、出现。比如，很多孕妈妈会要求自己，"我必须每天晚上九点睡觉""我不应该在孕期喝酒""我必须吃一些高营养价值的食物，即使我不喜欢吃"。我相信大多数孕妈妈都会说过类似的话，因为每个孕妈妈都希望自己的宝宝健健康康，希望自己能够成为一个合格的妈妈。可是，大家从来没有想过，这些想法是不是对的。当然大部分情况下是对的，但是，当偶尔出现一些意外，一些我们无法控制的情况时，我们还如此要求自己，我们就会受不了，感到难以接受、难以适应并陷入情绪困扰。比如，因为生理疼痛或者妊娠严重的孕妈妈会出现失眠状况，如果此时，失眠的孕妈妈还要求自己必须九点睡着，这会加剧失眠的症状。

2.过分概括化。这是一种以偏概全、以一概十的不合理思维方式的表现。过分概括化典型表现在人们对自身不合理的评价。如当面对失败就是极坏的结果时，往往会认为自己"一无是处""一钱不值"，是"废物"等。就如同很多新手妈妈在照顾孩子，因为没有经验而出现一些失误的时候，就会有自责，会有"一无是处"的感受。以自己做的某一件事或某几件事的结果来评价自己整个人、评价自己作为人的价值，其结果常常会导致自责自罪、自卑自弃的心理及焦虑和抑郁情绪的产生。

3.糟糕至极。认为如果一件不好的事发生了，后果将是非常可怕、非常糟糕的，甚至是一场灾难。这将导致个体陷入极端不良的情绪体验，如自责自罪、焦虑、悲观、抑郁的恶性循环之中，难以自拔。比如，有些孕妈妈忍不住酒瘾偷偷喝了酒，会自责，害怕会因为饮酒影响宝宝的健康，甚至导致宝宝畸形。于是，越想越害怕，焦虑的情绪越来越严重。这并非是一种不合理的信念，孕期其实是可以适当饮红酒的，这样可以缓解失眠。但是很多时候，我们会认为自己遇到了百分之百糟糕的事情，把自己引向了极端的、负向的不良情绪状态之中。这些不合理的认知很容易导致焦虑的产生。

音乐膳食

用音乐改变起床方式

每天早上你是被什么叫醒的呢？几乎所有人都会告诉我——"闹钟啊！"那么，请问闹钟响起的时候你是什么心情呢？当然是无一例外的烦躁。

其实，一天有两个时间段信息最容易进入潜意识：一是快要睡着的时候，另一个则是早上刚醒来的时候，早上起床的第一个信息会影响你一天的心情。是时候换个唤醒方式了。

推荐圣桑《动物狂欢节》组曲里的《天鹅》《林中杜鹃》等，泰勒曼《巴黎四重奏》，只要是你喜欢的任何音乐均可称为闹钟的替代品。有一种说法：改变自己的起床方式，就能改变整个人生。

德彪西可以使人得到安宁——《月光》

当你第一眼看到这个标题的时候，是不是怀疑自己看错了，或者怀疑是不是我写错了。你一定记得小时候学过的那篇优美的课文《贝多芬与月光曲》，你的眼前依然很轻易地就涌现出优美的景象：天高云淡，平静的海面上洒满了月光，月下一切是那么幽静，月亮穿过一缕一缕轻纱似的微云。忽然，海面上刮起了大风，卷起了巨浪。被月光照得雪亮的浪花，一个连一个朝着岸边涌过来……对，你没有记错，那的确是贝多芬的《月光曲》。然而，我也没有写错，我今天想介绍的是德彪西的《月光》。

也许你会好奇它们有什么不同？一提到贝多芬，我们首先想起的是他那振奋人心的《命运交响曲》。那激昂的调子，让你的心脏随着节奏剧烈地跳动着，你感到激动，感到振奋。当然这首《月光》是较为舒缓的钢琴曲，相比于交响曲，它没有那么激烈，即便它的第一乐章是持续的慢板，但是一如贝多芬的振奋人心的曲风，从第二乐章开始，节奏开始加快，到了第三乐章就更快了。当然并不是说这首曲子完全不适合放松，第二乐章就给人一种放松的感觉：拖沓中带着跳跃，柔情中带着刚毅，听起来仿佛是瞬间留下的温存的微笑。所以你也可以选择第二乐章作为放松的音乐。也许你也想选择一些其他的曲子来作为放松的音乐，当然可以，只要曲子的节奏不那么激进，而且变化不要过大，让你能够安静就可以了。

接下来，我们来一起看看德彪西这首《月光》有什么不同之处。我们首先了解一下作者德彪西。出生于法国的阿希尔·克劳德·德彪西，是19世纪末20世纪初欧洲音乐界颇具影响的作曲家、革新家，同时也是近代"印象主义"音乐的鼻祖，对欧美各国的音乐产生了深远的影响。谈到印象主义，你一定不会陌生，在美术里也有印象派画家。报纸曾经这么评论过法国画家莫奈的《印象日出》：他画的真是好，倒着看也可以，横着挂也是一幅画，真是"印象"深刻，连旁边的壁纸都要比它美！而正如印象派的画，印象主义的音乐也是飘忽、闪烁、朦胧而富有意境，就像是雾里看花一样，你似乎永远都看不清这个意境里是什么，但是你又好像对这意境了然于胸，只是无法用言语表达。如果你静静地听德彪西，会进入一种梦幻的境界，在氤氲之中给你许多遐想。

1884年德彪西获罗马大奖，因此得到了去意大利公费留学的机会。在意大利留学期间，他曾到北部的贝尔加玛地区游览，大自然的美景给他留下了美好的印象，1890年他有感而发写下此曲。倾听《月光》美妙的音乐令人不知不觉地联想到一幅光与色汇成的美丽图画。这首《月光》清新浪漫，充满月夜景色和浓厚的朦胧意境，旋律片段短小精练，特殊的和声组合使整个曲子笼罩在闪耀和飘忽的氛围之中。幽暗的月光透过轻轻浮动的云，影影绰绰地洒在平静的水面上。清冷的月光泻下冰一样的银辉，如清烟般梦幻地洒到灰蓝色的水面上。起风了，远处的天空飘来一朵薄薄的云，轻轻地遮住了这明月，让我们透过轻轻的云彩来欣赏那月光的美妙，耳边似乎还可以听见水浪轻拍堤岸时发出的绵绵不断而又富有节奏的声音；又好像是水面微波荡漾，如同大海弹拨着一架巨大的竖琴发出悠扬的声响，水浪声逐渐在迷梦般的月色中消逝。

接着，我将运用一些催眠的小技巧，协助你获得彻底放松。因为文字的局限性，请你先将以下指导语完整看一遍，尽量伴随想象，使得整个过程更加了然于心。

让我们想象着这梦幻般的景象，一起进行放松训练。你可以用任何你感觉到舒适的姿势躺在床上或者靠在沙发上，然后打开音乐一起来做这个练习。

"请你调整一下姿势，尽量让自己感到放松和舒适。然后闭上眼睛，开始深呼吸。想象一下，当吸气的时候，把你身上的疲劳、紧张以及头脑中一切不愉快的念头和烦恼统统聚集起来。而当呼气的时候，把这些疲劳、紧张和不愉快的念头统统呼出去。"

"随着你的呼吸，你的身体变得越来越放松了……"

也许一直处于焦虑中的你，不知道什么叫放松。那么首先来简单体验一下什么叫放松。

"请握紧你的双手，感觉到自己的手指紧紧地抓牢了手心，再用力一点，好像指尖快要嵌入肉里，手指微微觉得发酸……请保持住，再坚持一会儿，手腕也开始发酸了……好，现在跟着我的节奏一点一点地放松，1、2、3、4，放松，慢慢松开紧握的拳头……一根手指一根手指地展开……尽量放松……仔细体会双手放松的感觉。"

好，现在你知道放松的感觉了吧，那我们继续接下来的放松训练。

"想象一下，你正躺在一片柔软的草地上。感受一下身下柔软的草地，再闻一闻青草和泥土的气息。你的头上是蓝天白云，春天的阳光照在你身上，十分舒服……"

"春天的阳光照在你的额头上，你的额头微微地发热了……发热了……发热了……发热的感觉让你的额头放松了……放松了……越来越放松了……"

"春天的阳光照在你的脸上，你的脸上微微地发热了……发热了……发热了……发热的感觉让你的脸上放松了……放松了……越来越放松了……"

"春天的阳光照在你的额头上，你的额头微微地发热了……发热了……发热了……发热的感觉让你的额头放松了……放松了……越来越放松了……"

"春天的阳光照在你的脖子和肩膀上，你的脖子和肩膀微微地发热了……发热了……发热了……发热的感觉让你的脖子和肩膀放松了……放松了……越来越放松了……"

"春天的阳光照在你的大臂上，你的大臂微微地发热了……发热了……发热了……发热的感觉让你的大臂放松了……放松了……越来越放松了……"

"春天的阳光照在你的小臂上，你的小臂微微地发热了……发热了……发热了……发热的感觉让你小臂放松了……放松了……越来越放松了……"

"春天的阳光照在你的双手，你的双手微微地发热了……发热了……发热了……发热的感觉让你的双手放松了……放松了……越来越放松了……"

"春天的阳光照在你的胸部，你的胸部微微地发热了……发热了……发热了……发热的感觉让你的胸部放松了……放松了……越来越放松了……"

"春天的阳光照在你的腹部，你的腹部微微地发热了……发热了……发热了……发热的感觉让你的腹部放松了……放松了……越来越放松了……"

"春天的阳光照在你的大腿上，你的大腿微微地发热了……发热了……发热了……发热的感觉让你的大腿放松了……放松了……越来越放松了……"

"春天的阳光照在你的小腿上，你的小腿微微地发热了……发热了……发热了……发热的感觉让你的小腿放松了……放松了……越来越放松了……"

"春天的阳光照在你的双脚上，你的脚掌微微地发热了……发热了……发热了……发热的感觉让你的双脚放松了……放松了……越来越放松了……"

"你整个人笼罩在春天的阳光里，你的整个身体开始微微地发热了……发热了……发热的感觉让你觉得自己全身都放松了……放松了……越来越放松了……"

"音乐结束了，我们今天的放松训练也就到这里了。请你感觉一下身下的床或者沙发……呼吸一下新鲜的空气……动一下双手……活动一下双脚……好，清醒了……不要着急，等你感到舒服的时候再慢慢睁开眼睛。"

你刚刚进行了上面的练习，是不是觉得自己的身体已经放松了。当然，也许你只是觉得自己稍微放松了一些，还是没有完全放松。不要担心，这是初学者经常会遇到的困境，哪怕只是一点小进步，也是值得称赞的，因为你已经在慢慢地掌握这种放松的方法了。我们要知道，这些练习在一开始很可能需要更长的时间才能起效，例如15~30分钟，有可能会需要更长的时间。慢慢来，不要着急，记住越是着急越不容易放松哦！但是经过几次练习之后，你会发现你可以越来越快地进入放松状态，可能仅需要5分钟左右就可以完全放松了，当然也可能在更短的时间里你就可以放松。随着越来越熟练的练习，你会发现进入放松状态的时间越来越短，你甚至都不需要一步一步地按着指导语来做，这说明你已经开始掌握了这种方法。最后，提醒大家，在做身体的放松练习时，一定要尽量让自己的注意力集中在身体的各种感受上，注意力越集中，放松得越快，效果越好。

用音乐缓解焦虑的方法

说到放松，你一定有说不完的心得体会，心想放松谁不会，自己随口就可以说上好几种放松的方法。可是，你有没有想过为什么此时的自己依然还是很焦虑，即使自己已经尝试了很多种自己平时常用的方法，如散散步、看看书、谈谈心，根本就不需要什么专门训练！你以为，只要躺下，四肢伸展开了就是放松了。那么你现在躺下试试，看看有没有放松的感觉？当然，如果你是在很累很累的情况下，躺一下或者休息一下会觉得很舒服，但是这舒服也仅仅限于身体上的舒适感，那你的内心呢？有可能因为想着自己还有很多事情没有做完，反而更加焦虑，甚至越躺越不自在。

随着生活节奏的加快，我们长期处于不知不觉的紧张状态，有些时候我们即使在睡觉，身体的部位也依然保持着一定的、甚至比较强的内部或外部紧张状态。你一定有过早上一觉醒来腰酸背痛的感觉，那说明你的背部肌肉并没有因为休息而得到放松，有些人还会落枕，这也是颈部肌肉僵直导致的。正因为我们很少甚至没有体会过什么是放松，所以很多人并不知道真正放松的感觉是什么样的。真正放松的感觉应该是身体失去了重量感，就像太空中失重的感觉，你也许无法体会，但是你一定在梦中有过飞翔的感觉，就是那种轻飘飘的感觉，有些人甚至觉得自己的身体融化了、消失了。也许有的人正好相反，感觉自己的身体沉甸甸的，还有人甚至感到自己的身体在发热，或者是麻木的。尽管我们大家的感觉各不相同，甚至有很大的差异，但是这些感觉却又有一个共同点，那就是觉得自己不能动了或者是不想动了。

为什么会有这种感觉呢？这是因为我们的身体肌肉都是成双成对的。例如胳膊上的肱二头肌主要负责拉的动作，而胳膊另一侧的肱三头肌主要负责推的动作。如果同时放松肱二头肌和肱三头肌，使它们的作用达到平衡，那也就既感受不到拉的力量，也感受不到推的力量，此时你会发现自己的胳膊好像失去了重量或者不能动。如果你的全身肌肉都处于这种平衡放松状态，你就会感觉身体轻飘飘的，好像融化了，或沉甸甸，不能动了。这时候的你会有一种特殊的体验，意识很清醒，甚至可以与周围的人对话自如。但是身体却像是睡着了一样，不想动，甚至不能动了。

也许平时屡试不爽的方法，现在突然都失灵了。这让本来就很焦虑的你，变得更加焦虑。也许也有人会觉得自己的放松方法依然很适用，自己的焦虑已经缓解了不少。无论是无法有效缓解焦虑的你，还是能够轻松缓解焦虑的你，你都可以在接下来的内容里学会一种全新的而且十分有效的放松方式——肌肉渐进式放松。

这个方法的操作在上面的内容中已经有了详细的介绍，现在，给大家介绍一下音乐缓解焦虑的原理。在讲原理之前，我先给大家讲个小笑话：

一次，作家马克·吐温在一个音乐会里听音乐，很感动地对旁边坐着的一位男士说："这首曲子真的很好听啊！"

没想到那位男士很高傲地反问他："你知道这是什么曲子吗？"马克·吐温如实地摇了摇头。男士脸上浮现出轻蔑的笑容："你连曲子是什么都不知道，又怎知道它好听不好听？"

音乐会中场休息的时候，有一位漂亮的小姐从他们两人身边经过，那位男士盯着漂亮的小姐，连连称赞："好美丽的姑娘。"

马克·吐温看着他一脸的陶醉，平静地问道："你知道她叫什么名字吗？"男士摇了摇头。马克·吐温说："你不知道她叫什么名字，又怎么知道她美呢？"

很多时候，音乐带给我们的感动，带给我们的享受并不需要知道这首曲子是哪位作曲家写的，更不需要知道它叫什么名字。音乐是跨文化的，是全世界通用的语言，即便是用不同的语言唱的歌曲，你依然能够清晰地感受它所要表达的意思，这是为什么呢？是因为音乐启动了我们的心灵，在大脑中做了一个重大的变化，这种变化，我们是可以侦测出来的，最直观的当然是从脑波的起伏来观察。

一般来说，我们的脑波有四种，平常表现喜怒哀乐，意识清醒时是 β 波，振动频率14~20赫兹；而在非常平静放松时是 α 波，频率8~13赫兹；在放松进入冥想或者意识不清的境界则是 θ 波，频率4~7赫兹；当一个人深睡，处于无意识状态，脑波可以低到0.5~3赫兹，称之为 δ 波。

因为脑波代表脑部的活动，也就是人类的情绪，每种情绪都影响了全身各器官的功能，如心跳、血压、呼吸等等，所以藉由音乐改变脑波，也就改变了我们的情绪和器官功能，因此我们会不由自主地感叹道："好好听的音乐哦！"

对于大部分人来说，开始听音乐时意识清楚，正襟危坐，所以脑波是 β 波，在 β 波中还是会有抑扬顿挫，因此有时慷慨激昂，然而大部分让我们觉得浑身舒畅的音乐是让脑波从 α 波进入 θ 波，也就是开始全身放松、遍体舒泰，它的功能就像是瑜伽、气功等等，借着身、心、气、灵的整合凝聚做生理反馈的练习，所以这些音乐可以用来做身心治疗。

一般来说，低频（震频在40~60赫兹）的音乐就可以用来将脑波的 β 波转换成 α 波，对放松肌肉也有相应的效果。所以，音乐伴随的渐进式肌肉放松训练可以让你完全放松。哪些音乐最合适呢？比较适合进行放松的是一种被称作"新世纪"的音乐。这种音乐没有完整的音乐结构和发展，只是一些简单的旋律"碎片"，没有明确和完整的情绪表达，但是让人听了之后感到非常放松，同时又记不住这些旋律。那些有完整的旋律结构和明显节奏感的音乐，特别是使用打击乐的音乐都不适合作为放松音乐使用。当然完整的曲子也可以作为放松音乐，比如古典巴洛克音乐，如维瓦尔第、莫扎特、海顿等。

Tips：其他小建议

积极的自我暗示

法国著名作家大仲马曾经说过："人生是一串由无数的烦恼组成的念珠，达观的人总是笑着念完这串念珠。"笑着面对烦恼是一种积极的生活态度，也是值得我们所有人学习的态度。当然道理是很多人都懂的，但是实际行动起来却十分困难。那么该如何做呢？当我们感到心里不安，感到心情烦躁的时候，我们要学着给自己加油打气，在心中暗自告诉自己"我能行"，"这个问题并没有想象中那么严重，我能够解决的"，等等。

我相信每个人都在自己彷徨或者焦虑的时候在心底暗自鼓励过自己。其实这本身就是一种积极的自我暗示，我们会发现在积极鼓励自己之后，自信会增加，焦虑会减少。暗示似乎有着不可抗拒和不可思议的巨大力量。

如果你的工作与销售有关，或许经历过在一次大会的结束时，大家齐声高喊公司的口号；也许你没有亲身经历这种振奋人心的时刻，但是一定看到过，在清晨的大街上，商服店员聚在一起，高喊口号；在商店里，为了提高导购的积极性，在播报销售量的同时，每每都会齐声高喊加油！这些其实都是在运用积极的心理暗示。

心理学认为暗示可以改变人的心境、兴趣、情绪、爱好、心愿等，进一步在无意识的状态下改变人的某些生理功能、健康状况、工作能力等。好比，很多时候，我们正在做的工作不是自己喜欢的，但是我们会在心里告诉自己，慢慢就好了，等熟悉了说不定就会喜欢现在的工作。于是，好像是真的，随着时间的推移，自己越来越喜欢手头的工作，或者不能说喜欢，至少不讨厌了。

当然，我们也会遇到另一种情况，逼着自己去喜欢自己不喜欢做的事，反而适得其反，越做内心越厌恶，所以暗示也并不是我们前面所说的那样简单。进行自我暗示，首先也是最重要的一点就是相信自我暗示的力量，也就是要对自我及自我暗示有坚定不移的信心。另外，需要有坚强刚毅的意志，因为暗示是需要多次的，不是一两次就可以完成的。最后，需要将暗示的方法在实践中进行练习，最终达到自如地应用自我暗示。

下面介绍两种具体的自我暗示的方法：

冥想放松法是自我暗示方法中的一种具体形式。冥想源自于东方宗教文化，近几年与心理学结合产生了冥想放松法等。我们的身体就好比是一杯浑浊的水，只有放置一段时间才能看到水里的杂质，冥想就是让你静下来的载体，冥想放松法就是用某个注意对象来净化心灵的一种从精神到肌肉的放松技术。就像体育运动可以给我们带来某种心理好处一样，冥想也对我们的身心有益。冥想可以实现对自己注意力的控制，而且不受制于外界环境的变化，这在互联网时代是非常可贵的品质。

尽管冥想的类型各有不同，但从本质上来说，可以分为两种：开放注意力和集中注意力，而这两个过程正好是相反的。开放注意力需要我们持有一种无偏见的态度，即允许一切外在的和内在的刺激物进入到我们的意识中，而且不以任何方式去利用这些刺激物。就像吸墨纸（内在自我）和墨水（外在的和内在的刺激物），一切都会被吸收。如果冥想需要集中注意力，那么注意力的焦点就可能是不断重复的事物（如在脑中不断重复的一个词或短语），也可能是不发生任何变化的事物（如墙上的某个点）。

在本书中我主要介绍的是第二种方法，也就是将注意力从焦虑转移到其他事物上，从而缓解焦虑情绪。现在，请你拿起身边任何一个物件，可以是一个苹果，也可以是一个抱枕。无论你手中拿的是什么，你都要发挥自己的想象力。首先，凝视手中的物件，反复、仔细地观察它的形状、颜色、纹理脉络；然后用手触摸它的表面质地，看是光滑还是粗糙，再闻闻它有什么气味。待你观察完毕后，请闭上眼睛，回忆一下手中的物体给你留下哪些印象。慢慢地放松身体，排除心中的杂念，想象自己钻进了物体里，接着想象一下，里面是什么样子的呢？你感受到了吗？里面的样子和外面的是一样的吗？请你记住此刻的感受，想象自己走出了物体的内部，恢复了原样，记住刚才在物体里面所看到的和感觉到的一切，然后做五遍深呼吸，慢慢数五下，睁开眼睛，你会感觉到头脑清爽，心情轻松。

是不是很简单，而且很有意思？你看到了什么？是不是看到了平时没有见过的东西？不管你看到了什么，现在的心情是不是放松了许多？以后要是遇到情绪状态不好的时候，你都可以试着用这种小方法来缓解情绪，希望你每天都有一个好心情。

适量的运动

孕妈妈要不要运动？运动量多大才适宜？这些一直是困扰着大家的问题。有些妈妈担心运动量过大，但是有些妈妈总是担心自己运动量太小。接下来，我就介绍几种适合孕妈妈做的运动，希望能对大家有所帮助，当然不管什么运动大家都要适量哦。

首先，对准妈妈来说，散步是最好的增强心血管功能的运动。散步可以让你保持健康，同时，不会扭伤膝盖和脚踝。你几乎可以在任何地方散步，除了一双合脚的鞋外，你不需要借助任何器械，而且在整个怀孕期间，散步都是很安全的。

其次是游泳。产科专家一致认为，游泳是孕期最好、最安全的锻炼方式。孕期游泳能增强心肺功能，而且水里浮力大，可以减轻关节的负荷，消除浮肿，缓解静脉曲张，不易扭伤肌肉和关节。游泳可以很好地锻炼、协调全身大部分肌肉，增强耐力。但是请注意，游泳时要有专业人士陪伴，水温不可过低，注意水质卫生，用力轻柔，游泳过程不要持续太久，以身体不吃力为主。当然，你还可以做一些简单的家务。怀孕期间，准妈妈不能像正常人一样操持家务，尤其不能从事重体力家务，但是可以适当做一些力所能及的家务，如扫地、擦桌子等，帮助准妈妈适当运动，增加血液循环，促进新陈代谢，有利于胎儿健康。

　　为什么运动可以缓解焦虑情绪呢？研究表明，运动可以消除一些导致焦虑的化学物质，使精神放松，心情愉悦。同时，运动还可以有效地促进体内的内啡肽的分泌，内啡肽不仅与免疫机能有关，还与人的心情状态有关，使人产生愉快感。另外，运动也可以转移我们的注意力，使我们的注意力专注于运动本身。人们的注意力专注于运动本身，会使大脑的兴奋点转移，对焦虑的兴奋灶抑制，从而有利于消除紧张情绪。所以，当你感到焦虑时，索性什么都不要去想，去散散步、做做家务或者游游泳吧。

　　最后，给大家一些温馨小提醒：1.不要在太热或太冷的环境下进行活动，孕妈妈体温过高或过低，会伤害胎儿发育；2.避免过分跳跃或大幅度动作的运动，以免跌倒损伤胎儿；3.怀孕期超过四个月后避免以仰卧姿势进行训练，因为胎儿的重量会影响血液循环；4.运动要循序渐进，整个过程须包括运动前的热身、伸展及运动后的调息阶段；5.怀孕期的生理改变会导致韧带松弛，伸展时须小心避免过分拉扯肌肉及关节；6.可以选择游泳、走路，室内健身中心环境较户外舒适，而且多数有专业教练提供运动指导，是较理想的训练地方，也保证了安全。

情感宣泄

　　说到情感宣泄，大家一定会想，不就是该哭的时候放声大哭，在不开心的时候大喊几声，或者找自己的亲人或朋友哭诉哭诉吗？是的，你说的都是对的，可是你知道为什么这些方法可以缓解压力，保持心理平衡吗？

　　哭泣——有的人会独自躲起来默默地哭泣，有的人会当着自己亲人或者朋友的面哭泣，不管选择什么方式，只要你在该哭的时候哭出来了，宣泄了自己的情绪都是好的。心理学家认为哭泣是"自然的安全阀"，是人类的一种本能，是我们人类不愉快情绪的直接外在的流露，短时间内的痛哭是释放不良情绪的最好办法，是心理保健的有效措施。人在哭泣时,眼泪可以促使人在紧张、痛苦、悲哀时所产生的有害毒素排出体外,起到缓解心理紧张的作用。如果人在该哭的时候不哭,强行把眼泪往肚子咽,不让眼泪流出来,必然承受巨大的心理压力,会产生忧郁、苦闷、压抑、悲伤等消极情绪。而且有越来越多的证据证明,忍气吞声容易导致肿瘤的发生,因此,有泪就应该让它自然地流出来。

压力通常源自我们内心深处。找个可以信赖的朋友,和盘托出心中的恐惧、痛苦、烦闷、苦恼或担忧,借助倾诉减轻心理的负担。我在心理咨询的临床工作中,基本是让来访者在前三次倾诉和宣泄。语言的宣泄就是情绪的疏通,如果你所在的城市没有合适的心理咨询师,去找找你要好的朋友吧,有时朋友是最好的心理医生。培根说过:"如果你把快乐告诉一个朋友,将有两个人分享快乐;你把忧愁向朋友倾诉,你将被分掉一半忧愁。"美国有关专家研究也认为:"一个人如果有朋友圈子,就能长寿20年。"可见,朋友对一个人生活的重要性。

案例分享

音乐用于情绪调节的案例是比较多的,在本书中介绍的案例中多为在专业的音乐治疗师的指导下进行的音乐治疗案例,与我们书中所介绍的自助式的音乐情绪调适有所不同,但是在一些具体的音乐治疗方法的使用上会有很多相似的地方,大家可以在真实的案例中再次去体会音乐治疗的奥妙,希望大家能够更好地去借鉴、运用我们在本书中介绍的方法,让每个孕妈妈都有一份好心情。同时请大家注意:在所有的案例中,为了保护当事人的隐私,所有人的身份都做了相应的变动,但是案例的真实性不会有所改变。

小吴今年25岁,是个初孕妈妈。性格比较开朗活泼,初次见面的时候,简单地进行了一些交谈,对她的工作、家庭,以及现在的身心状况做了一个初步的了解。整个交谈过程中,小吴看起来有些心神不宁,和我的目光接触水平也不高。她会时不时调整一下自己的坐姿。我本来以为是座椅不够舒适,就建议她换个靠垫,她有些不好意地说:"其实不是座椅不舒服,是害怕自己坐久了会影响宝宝的发育。"事实上她进咨询室还不到15分钟,并没有坐多久。看得出来她是真的很紧张自己的宝宝。

于是,我打算从这点入手,跟她讨论了一些关于孕期该注意的问题,她一下子就打开了话匣子:因为是新手妈妈,什么都不懂,生怕自己的一举一动会影响到宝宝的健康发育。加之之前因感冒扁桃体发炎服用过抗生素,加重了她的担心。所以每次去医院做产前检查,医生偶尔的一个小提醒,她都非常谨慎,强迫症般地一一遵守，生怕出了半点差错。

第一次做产前检查时，医生说她白带有点炎症，她竟然坐在诊室外掉了好长时间的眼泪，其实结果显示没什么问题。后来再次去做产检的时候，医生说她身体有些虚弱，需要补充一些营养。所以一直到现在她都吃着各种补身体的食物，即使是自己不喜欢吃的，只要对身体有好处的，她都会忍着吃下去。

"胎动得厉害就紧张，没有胎动也紧张。每次去医院做检查，我都会感到心跳加快。我也知道这样不对，可就是控制不了。也想过各种办法，转移自己的注意。但这个脑子就是沉重，放不下，有时候一夜睡不着，真怕宝宝发育不好，好累啊。"

从小吴的谈话中，我找到了她的心结所在，孕期焦虑。所以决定首先采用音乐放松训练来缓解她的焦虑情绪。在进行音乐放松训练之前，我征求了她的意见，是否可以在谈话的过程中，放一些音乐，调节一下气氛。在播放音乐的过程中，她渐渐地放松了一些，虽然刻意调整坐姿的频率减少了，但是她的紧张状态还是存在。从她说话的语气和内容以及面部表情和身体姿态，还是可以看出她的焦虑只是稍稍减轻了。显然，音乐已经起到了一定的作用。但是，我同时也发现这种无目的播放音乐方式的效果甚微。所以在进一步了解她的焦虑根源后，我建议她进行音乐放松训练，她很乐意尝试音乐放松训练。

我选择了一首她熟悉的曲目，理查德·克莱德曼的经典曲目《秋日私语》，这首钢琴独奏描述了秋天里的童话，秋天里的温馨烂漫。在选定曲目之后，将室内的灯光调至柔和的光线，一切准备就绪，小吴以她最舒适的状态躺在咨询室的躺椅上。我们开始放松训练。在音乐的背景下，小吴跟着我的指导语进行放松，在指导语中我也植入一些积极情绪的心理暗示。

根据我的观察发现，小吴在整个放松训练的过程中，很少有大的调整身体姿势的动作，显然在放松过程中，她已经将姿势对宝宝的发育影响的想法排除出了自己的脑海。小吴在放松训练之后，很兴奋地与我分享她的感受，告诉我自从怀孕以来很久没有感受到身体放松的感觉了。她觉得自己的身体没有那么沉重了，而且心情也轻松了许多。整个过程中她都没有去考虑宝宝的问题，而是在我的指导语的引导下感受着身体的每个部位的放松。我很高兴她的变化，但是同时也告诉她这种方法也可以在她的日常生活中使用。

当然她的认知中也存在一些偏激的观念，比如对宝宝健康过度的担忧，这是来源于家族有心脏病的遗传史，这些是我们在进一步咨询过程中需要解决的问题。初步缓解焦虑情绪这一目标，在这个案例中是圆满地实现了。希望大家能够从这个案例中有所领悟，能够更好地去应对焦虑情绪。

第二章

生理反应——无法摆脱的困扰

传统文化得罪了谁

生理反应准妈妈都会遇到

随着孕期的适应，现在的你心情缓和了许多，每天都在期待宝宝出生的那一刻。你满脑子里都是宝宝的模样，耳边似乎还能听见宝宝银铃般的笑声，在你的眼里一切都是那么美好，那么值得期待。你压根就没有想过长胖的事，也没有想过接下来自己身体上会有什么变化。但是我知道，其实你早就知道怀孕的过程没有那么简单。你一定说听过，准妈妈会有各种各样的生理表现。你知道最常见的妊娠反应有呕吐、疼痛等等。但是不管你是在生活里亲眼所见，还是在电视剧里见过，或者是听别人的经验之谈，那都是别人的经历，没有经历的人永远都无法知道其中真正的感受。所以，不管是从心理上，还是从身体上，你必须自己早早做好准备，你将要面对这有点残酷但是又十分值得经历的事——怀孕不是病，但是症状也要命。

妊娠期，大量的激素从身体释放出来，这些激素会导致身体一些相应的变化，比如晨吐、肢体的肿胀，或者是疼痛感等等。也许你觉得这些都能很轻易就搞定，现在科技这么发达，镇痛剂什么的效果都好得很。但是你似乎忘记了，你现在是妊娠期，能用的药非常有限，因为药物对宝宝是有伤害的，而且好多状况并没有什么有效的治疗方法。所以，孕妈妈一般也只能微笑着忍受一切。

总体来说，头3个月是怀孕的早期，妊娠激素最为活跃，各种折磨人的"小妖精"基本上都会找上你；再就是怀孕最后3个月，身体里的小家伙迫不及待地想出来见见外面的世界，也开始使出各种看家本领来折磨你，踢蹬、挤压什么的都很常见。中间3个月的孕期相对来说比较平缓一些，这是你最舒适的一段时光，可以静静地享受怀孕的过程。

孕期疼痛

孕期中最常见的生理反应，当然要属呕吐和疼痛了。其实说到孕妇呕吐的问题，并不是所有人都会呕吐，在我的临床个案中也有的准妈妈没有呕吐，或者是呕吐情况并不严重。通常情况下，孕妇呕吐按照厉害程度可分为三级：一级是反胃恶心，不想吃东西，呕吐症状较轻微；二级是剧烈呕吐，一天吐上好几次；三级最为严重，是在剧烈呕吐基础上出现生理不适感，由于呕吐过度导致缺水和电解质不平衡。

你的身体除了提供自己每天需要的养料，还需要滋养身体里的那个小家伙。随着小家伙一天一天长大，你会发现自己的身体处于一个奇怪的状态，自己对吃的东西明明很渴望，当然啦，你现在要养活的可是两个人，需要摄入更多的营养，但是你的身体却排斥着食物的摄入，你的胃口变得有些差了，甚至有些厌恶食物，严重的时候你可能只要闻到某种味道就想吐，你的嗅觉变得异常敏感，曾听一位孕妈妈说："一怀孕我的嗅觉比狗还灵敏，我妈在六楼炒春芽，我在一楼都能闻到，然后我一路吐到六楼。"你是否也有过类似的感受？

恶心反胃85%的孕妈妈基本上都会有，有些孕妈妈是真吐，而有些则是感觉恶心、干呕。不管怎么样，都会让人郁闷得不得了，因为呕吐也许会伴随着你几个月。

腰酸背痛也会随着怀孕的时间越来越长，会时常发生。由于激素的作用，使得你的骨盆关节及脊椎变得松弛软化，以利于宝宝的生长与分娩。同时随着宝宝的成长，你的肚子也会不断增大，身体的负担也愈来愈大，身体前方的重量增加，导致上半身必须往后仰来维持重心，因而对脊椎、韧带、肩膀造成极大的负担，容易产生腰酸背痛的不适感。胎儿对你的脊柱的压迫，会导致腰酸背痛时时困扰着你。

也许你还会因为经常想去洗手间而感到尴尬,其实这没什么大不了的。许多孕妈妈在刚开始怀孕的时都会出现尿频现象。这是因为在妊娠早期盆腔充血,子宫因受孕而增大,牵扯膀胱向上推移,刺激膀胱而造成尿频。另外,增大的子宫压迫膀胱,使膀胱贮存尿液量比平时更少。所以,小便次数会增多,且每次都会比平时少。在妊娠末期接近临产前1-2周,因胎儿先露部位(胎头或胎臀)下降进入骨盆腔,进一步压迫膀胱,使膀胱容积更小,致使尿频现象加重。一般情况下,孕妈妈尿频是妊娠期的正常生理现象,不必顾虑。

常见的还有生理性水肿,相对前三种来说,水肿对你的影响会小得多,除了让你看起来有些肿,另外还可能会觉得腿部有些酸胀感。一般而言,肿就会自然消失。大多数孕妈妈都会有水肿现象,可能会发生在怀孕早期,但一般要到怀孕中后期才比较明显,且大多集中在下肢水肿,有些甚至会压出一个小窝,再慢慢恢复,也就是所谓的"生理性水肿"。这是由于孕妈妈受到激素影响,皮下组织的水分增加,容易产生局部水肿,再加上下肢静脉回流受阻,水分常会滞留在下肢。

当然每个人的生理反应会有所不同,但是我相信妊娠期,疼痛绝对是大部分孕妈妈最头疼的生理反应,所以我们今天会以疼痛为主进行介绍,在本章的最后,我们还会补充一些用音乐来应对其他生理反应的方法。

孕期为什么会感到痛?

不同的孕妈妈在怀孕期间的疼痛会有不同的表现,有的准妈妈可能会牙疼,有的准妈妈可能会肚子疼,最常见的可能要属腰痛了,除了这些,疼痛也可能会出现在你身体的其他任何部位,但是我们在这里主要是讲导致以上三种常见疼痛的原因。

也许此刻的你身体上其他部位感到疼痛,看到这里的时候你可能会有些失望,但是要知道孕妈妈出现生理上的疼痛一般都会有一些共同的影响因素,比如身体内激素的突然变化,肚子里的胎儿逐渐长大等等。所以即使你的疼痛与我们将要提到的三种常见的疼痛不一样,也可以参照我们接下来提供的知识以及后面所提供的缓解疼痛的方法。

导致牙齿疼痛有很多原因，我们这里主要结合孕妈妈的生理生活变化来解释孕妈妈为什么会牙痛。孕妈妈最大的生理变化，除了外形的变化，要数激素水平的变化。你也将会发现，我们会在本书中多次提到激素水平的变化，那是因为孕妈妈的身心变化很多时候都是和激素水平有关。激素水平的剧变减少了唾液的分泌，而唾液具有杀菌的作用。唾液量的减少使口腔环境改变，杀菌能力下降，导致蛀牙细菌及牙周病菌滋生，容易出现蛀牙。另外，唾液中所含的碳酸和碳酸氢钠可以中和口腔内的酸碱度，唾液减少。

另外，孕妈妈的饮食结构和饮食习惯也发生了很大的变化。在妊娠期，孕妈妈的食量会大增，经常会感到饿，所以进食的次数会变得很频繁，另外因为反胃恶心等原因，她们会对酸的或者甜的食物特别喜爱，例如：话梅、柠檬、橘子等。频繁进食且含糖量高，加大了食物残渣和果酸存留在口腔的机会，容易引起蛀牙及牙齿敏感，增加口腔内牙菌斑的堆积。最后，就是孕妈妈最烦的妊娠反应——孕吐。呕吐反酸，吐出的酸性物质容易造成牙齿脱钙，如果没有及时漱口，胃酸会腐蚀牙面并可导致蛀牙。

有些准妈妈，可能会出现生理性腹痛。随着宝宝一天一天长大，准妈妈的子宫也在逐渐增大，增大的子宫不断刺激肋骨下缘，可能会引起准妈妈的肋骨钝痛。一般来讲这属于生理性的，不需要特殊治疗，左侧卧位有利于疼痛的缓解；在孕晚期，准妈妈夜间休息时，有时会因假宫缩而出现下腹阵痛，通常持续仅数秒钟，间歇时间长达数小时，不伴有下坠感，白天症状即可缓解。准妈妈在孕期前几个月，如果出现阵发性小腹痛或有规则腹痛、腰痛、骨盆腔痛，问题就比较复杂，出现这种情况记得一定咨询你的主治医生哟。

最常见的疼痛应该是腰痛了，引起腰痛的原因有很多。准妈妈在怀孕期间的疼痛是由于内分泌系统发生很大变化，为了分娩时能使胎儿顺利娩出，连接骨盆的韧带也变得松弛。加之一天天增大的子宫使孕妈妈的腰部支撑力逐渐增加，导致骶棘韧带松弛，压迫盆腔神经、血管而引起腰痛。也许你会认为产后这种情况就一定可以缓解了。其实不然，若是产后，你稍加不注意，疼痛马上就找到你。所以即使是产后也要注意一些事项，以免导致腰痛。因为分娩后内分泌系统发生变化，不会很快恢复到孕前状态，骨盆韧带在一段时间内尚处于松弛状态，腹部肌肉也变得较软弱无力，子宫未能很快完全复位，这会引起腰痛。加上产后，你要做的事情更多了，要经常弯腰照料宝贝，如洗澡、穿衣服、换尿布，经常从摇篮里抱起宝贝等，都易诱发腰部疼痛。所以你一定要注意休息，不要使身体过度疲劳，或经常久站、久蹲、久坐，或束腰过紧等，都可导致腰肌劳损，诱发腰痛。

越痛越关注，越关注越痛

有谁会喜欢疼痛呢？我想大部分人都不会喜欢疼痛，但实际上疼痛是我们自身的保护机制。仔细想想，你是不是有时候遇到这种情况：突然觉得手上或者腿上一痛，待你查看时却发现不知什么时候，手上或者腿上多了一条伤痕，发现及时还可能看到血渍，有时候甚至已经结了痂。如果没有疼痛你可能根本就不会发觉自己身上的伤痕，所以疼痛其实是一种防御性反应，是身体受到伤害时的警告。

痛觉不仅是生理反应，更是情绪体验，是既客观又主观的。另外，疼痛具有个体差异，也就是说，不同的人的疼痛感觉是不相同的，比如，有的人皮肤感受比较灵敏，轻微的刺激就会引起剧烈的疼痛，而有的人皮肤感受比较迟缓，需要巨大的刺激才会引起同等程度的疼痛。

我们常常认为疼痛感与身体伤害的严重程度成正比，也就认为伤害性刺激一定会引起疼痛，伤害越强，疼痛感也越强。但是实际上很多时候，疼痛除了与伤害性刺激有关外，还与心理因素有关。在临床有一种疾病称为幻觉性四肢疼痛，也就是说患者身上无伤口也无伤害性刺激，但是患者却报告疼痛，另外慢性疼痛患者也会时常报告疼痛，但是却说不清楚到底是哪里疼痛，或者去医院检查却找不到明显的损伤，这些都说明了疼痛很大程度上受到心理因素的影响，从而造成很大的心理性差异。

心理性成分对疼痛的性质、严重程度、持续时间、疼痛部位、空间的感知、分辨和反映程度都会产生不同程度的影响，并反应在疼痛的各个环节上。疼痛给人带来的主观感受因人而异，因文化程度不同而异，因人格特质的不同而异，因周围环境的不同而异。有些人对轻微的疼痛就会痛苦地尖叫，而有些人却对足以引起难以忍受的疼痛刺激却可以默不作声地承受。比如，我们经常听到过的典故"刮骨疗伤"，如此剧烈的疼痛，关羽却依然谈笑风生，难道真的因为他的疼痛感比常人要迟钝？其实不然，更多是因为他坚韧的人格特质，以及采用的注意力转移的方法。

跟我学点心理学

心理因素对疼痛的影响

1. 心理可以影响疼痛的反应过程：在注意、暗示和情绪等心理条件下，对伤害性刺激的痛反应过程可产生明显影响，注意力分散、良性暗示、欣悦情绪可降低疼痛反应；相反若是你一直关注疼痛的部位，一直嘴里喊个不停，疼痛感则会增强。你在生活中一定有过这样的体验：不知道自己的手指或者腿上多出了一道伤痕，等你发现的时候已经结痂了，但是此刻你依然能够很清晰地感受到伤口带来的疼痛。你一定感到很好奇，为什么伤口破损的时候，自己一点也没有注意到，反而是等到血干结痂了才会感受到疼痛。这就是注意力对疼痛感受的影响。

2. 心理暗示影响镇痛效果。病人对医生和治疗的信任程度，自身拥有的医学知识以及对暗示的接受程度都会直接影响镇痛的效果。你一定听过安慰剂效应，就算没听过也没有关系。你可能有过这样的经验，疼痛难忍的时候你去医院急诊，从急诊室出来你还没有来得及吃药，你发现你已经没有刚来医院的时候那么痛了。在临床中我也有这样的工作经验，来访者越信任你，越把你当作是一个权威，他（她）的症状缓解就会越快，这其实跟安慰剂效应有关。

3. 正如我们前面所提到的"刮骨疗伤"的典故，心理素质和人格特质与疼痛也有很密切的关系：无论是来源于心理的疼痛还是来源于躯体伤害上的疼痛，其疼痛知觉和疼痛反应都会受到个体的心理素质和人格特征的影响。心理素质是个体心理负荷能力，也就是我们常说的心理承受力、心理的应激强度或情感承受值，比如面对紧急状况或是重大灾难、重大生活事件时承受压力的能力，这些条件都将对疼痛的发生和疼痛的过程产生影响。生活事件的性质和频度是对心理素质的挑战和检验。

心理学研究者对疼痛影响因素的关注始于注意方面。很多早期的研究表明，当注意集中在疼痛上时，疼痛会加剧；从疼痛分心去注意其他事情，可以减轻疼痛。之后的研究发现，分心减轻疼痛是有条件的：复杂的、需要注意力的任务可以在一定程度上有效分散个体对中度疼痛的注意，而对强烈的疼痛没有帮助。

注意是如何影响疼痛的呢？当有害刺激作用于我们的身体时，身体的疼痛会引起我们的注意，于是注意就会选择性地指向疼痛；如果个体的注意从疼痛转移出去，会阻碍个体对疼痛的进一步加工，于是出现疼痛减轻的结果。这也就是为什么关羽在刮骨疗伤的时候，需要有一个人和他下棋聊天了，其实也就是在转移注意力。当然我们前面也说过，转移注意力的方式也是有局限性的，对剧烈的疼痛是没有帮助的，比如那种疼到昏厥过去的状况，这种极端情况是需要专业的医生给予治疗的。

疼痛如闸门想关就关

心理学家和生理学家都认为大脑对信息的加工是有限的，会对扑面而来的所有信息不加选择地进行加工。正是因为大脑的这个功能才使我们不会迷失在信息的海洋中，特别在当今这个信息大爆炸的时代。当然，我们也发现，今天人们的注意力越来越难以集中，一是因为世界变化太快，信息蜂拥而至，让我们应接不暇，二是我们大脑进化需要一定的时间，但是我们相信大脑很快会适应这种信息速变的时代。

大脑有一个类似闸门的特殊结构，能够选择性控制进入大脑的信息。就比如，你在听音乐的时候，突然有人找你聊天，你发现聊天的时候，已经忽略了音乐，全身心地听着友人的话（音乐发烧友除外，比如作者本人，只要有音乐，注意力基本就全在音乐上了）。这个闸门除了可以筛选信息，还会在某些时候关闭，从而阻止某些由躯体神经系统传来的信息进入大脑。痛觉由两种不同的感觉神经来传导，一种是粗大神经，主要传导短暂尖锐而发生在固定部位的痛觉。这种神经传入有可能引起闸门的关闭，从而起到镇痛的作用；而另一种是细小神经，主要传导持久而发生在不固定部位的痛觉（如酸痛），这种神经的传入不会关闭闸门，从而导致疼痛。

也许当你看到上面这段话的时候会感到很茫然，甚至脑袋都有些大了，那我们来举个简单的例子解释一下这个有趣的理论吧：就好比水坝的闸门，当疼痛刺激作用于皮肤时，感受器会通过神经递质传到大脑，就像水坝开闸的按钮启动一样。例如，如果锤子砸到你的手指，在你的手指皮肤神经就形成一个疼痛信息。这就打开了脊髓的疼痛闸门，你就能感知一个疼痛的被砸的手指。为阻断疼痛，你将手指放入口中允吸它。你的舌头产生了一个刺激粗大神经的触觉信号，关闭了疼痛闸门。然而几秒钟以后，你从口中拿出手指看看。但是因为看着手指不会激活感觉神经，疼痛闸门就不再关闭，疼痛信息又自由地传到大脑，然后你又会感受到手指的疼痛。

另一个激活粗大神经阻断痛觉神经的方法是热刺激。我相信几乎每个人都会有这样的体验：当你经过一天的辛苦工作感到腰酸背痛时，你一定很想冲个热水澡或是好好地泡一个热水澡，因为你知道只要你的身体浸泡到热水中的时候，全身的疼痛似乎一下就消失得无影无踪了。那是因为热刺激了温度感觉神经而关闭了疼痛闸门。但是你的身体一旦从热水中出来了，很快又体会到身体的僵硬感，那是因为一天的劳累并没有被浸泡治愈而是疼痛感的传递被阻断了，当这种阻断消失的时候就会再次感到疼痛。当然你也会发现浸泡15分钟左右的时候，即使你依然在热水中，疼痛也会恢复。这是因为你的大脑对于收到重复的信息感到厌倦，并开始阻断热信号，就如同你能忽略一个电话铃声一样。奇怪的是大脑似乎不厌倦疼痛信息。可能是因为疼痛是人自体防御的一种保护信号，信号已发出，你就知道自己该休息了。

疼痛刺激通过神经元传递到大脑，然后由大脑决定给予它多大的注意力，并通过开放和关闭大脑的疼痛闸门而做出反应。如果大脑的注意力集中在其他重要任务时，它就忽略疼痛。如果你的注意力一直集中在疼痛部位，疼痛强度就会加大。

我们知道，人的注意力范围是很广的，很多时候可以同时做两件事甚至三件事，比如，你可以一边跟人聊天，一边看电视，同时手里还织着毛衣。但是当你专注聊天的时候，很可能会错过电视节目的内容，而且手中的活也可能会出错。这是为什么呢？因为神经中枢系统在同一时间接收的神经信号是有限的。就像互联网宽带一样，如果同一条线路同时接入多个网络设备，网络速度就会变慢，那是因为多个网络设备在争夺资源，每个设备只会占用其中一部分。

有美国神经学家发现，今天的孩子大脑的额叶部分已经发生了很大的变化，他们由于成长于数字时代，他们的大脑可以多任务加工信息，但是面临的一个问题是，他们信息加工的深度远远不够。

而听音乐属于一种大信息量输入的过程，可以训练今天由于在数字时代下带来的注意力的问题。除了要去欣赏它动听的旋律，还要去体会它所描述的场景，并且它具有强大的吸引力，很容易引起人的共鸣。所以一旦音乐信号进入人的听觉系统，就会与疼痛信号竞争神经通道的空间，并占用大量神经通道的空间，因此音乐具有强大的镇痛功能。音乐也被西方医生称作"听觉镇痛剂"。此外，音乐能够促进人体放松，减少紧张焦虑，从而也可以起到缓解疼痛的作用。

音乐膳食

海顿可以止痛——《告别交响曲》

当你看到这首曲子的时候,一定会觉得很奇怪,因为在前面的内容里我一直在强调用于心理调适的音乐不能太过于激烈,这样很容易引起情绪的剧烈波动,不易于心理的放松或者调节。而交响乐大都是由大型的管弦乐队演奏,音乐内涵深刻,节奏是随着乐章起伏变化,甚至在高潮部分出现强烈的冲突与矛盾。

一说到交响曲,你的脑海里一定会出现那种动人心魄的场面,音乐如同浩瀚的海洋,汹涌澎湃,一下就将你转入其中,你的心跳的节奏似乎也随着曲子的节奏上下起伏。这就是交响曲,给人力量的感觉。而只有充满力量的人才能够战胜疼痛的折磨,这也是为什么我会在这里选用海顿的交响曲的原因,当然你也可以选择贝多芬的交响曲,贝多芬曲子的力量比海顿的更加强烈,更加振奋人心。但是有时候过于强烈的音乐可能会适得其反,这要依据每个人对音乐的感受。

而我在这里选择了海顿的《告别交响曲》,除了因为它的节奏比较缓和,还有我也希望借这首曲子的名字的寓意让你告别疼痛。但是很有可能一看到"告别"两个字,你眼前立马就会浮现出"风萧萧兮易水寒,壮士一去兮不复还"的悲壮场面。其实这首曲子并不是一种悲伤凄凉的告别曲,当你听到这首曲子的时候你肯定会感觉眼前一亮,为什么呢?其中的奥妙还是让你自己去感受吧。让我们先一起来了解了解海顿的生平,以及这首曲子所描绘的场景。

弗朗茨·约瑟夫·海顿，维也纳古典乐派的奠基人，交响乐之父，出生于奥地利南方靠近匈牙利边境的风景秀丽的罗劳村。海顿是世界音乐史上影响巨大的重要作曲家之一。他是维也纳古典乐派的第一位代表人物，一位颇具创造精神的作曲家。

海顿的音乐幽默、明快，含有宗教式的超脱。他将奏鸣曲式从钢琴发展到弦乐重奏上，他是器乐主调的创始人，将传统对位法的独立声部完全同化了，将主题发展自行展开。后期他访问英国，接受牛津大学授予的音乐博士头衔，受到了亨德尔的影响，也受莫扎特的影响，谱写旋律优美的抒情色彩，出现类似巴洛克的风格。他用弦乐四重奏代替钢琴，用管弦乐代替管风琴，创造了两种新型的和声演奏形式。

听海顿的曲子更像是在享受自己的生活，它把生活谱成一首交响乐，有欢呼、有悲叹，然而最后总是会凝聚成壮丽感人的结尾。也许你会认为写出这么明快动人的曲子一定是一位生活幸福美满的英俊潇洒的绅士。然而事实就是那么残酷，海顿其实是个长相有些丑陋的普通男人，他的生活也充满了艰辛，然而他却能将生活经营得很快乐。对于自己的容貌，海顿不但不自卑，而且坚信自己特有的音乐才华可以造就他独特的优雅气质，更因为他的幽默、和蔼，让人们觉得他虽然很丑但是很可爱，甚至获得了"海顿爸爸"之称，大家有没有看到音乐给人带来的自信与乐观！

《告别交响曲》创作于1772年，这首曲子里蕴含了海顿丰富的想象力和强烈的情感。其实这首曲子背后还有一个很有趣的故事。1772年夏天，海顿领导的乐队跟随自己的雇主尼古劳斯亲王前往埃斯特的一个城堡。由于每年夏天的避暑差不多要持续两个月，这也意味着乐队里的所有人将要离开家人两个月，不能与他们相见。所以乐队的成员其实是不大愿意参加每年的避暑旅途，但是迫于受雇于人不得不去。然而这一年亲王的兴致又特别高，停留在城堡的时间比往年更长，延迟了数月也没有打道回府的想法。乐师们的情绪越来越低落，越来越无法忍受，又不敢向亲王明说。海顿在乐团里一直是最有威望的团长，所以团员们都把希望寄托在他身上，希望他能想办法改善目前这种不便的生活。海顿终于想出了一个巧妙的办法，他构思了这部交响曲，在乐曲的最后，请参加演奏的乐团成员在演奏完毕以后，一个个收拾乐器，吹熄谱架上的蜡烛退场，只留下极少数的人，孤单地继续演奏，借此表现出乐团成员的心情。最后只剩下包括海顿在内的两个小提琴演奏者，当他们也要离去的时候，亲王似乎感受到了这种暗示，次日，亲王返回了维也纳。所以这首曲子虽然取名为《告别交响曲》，却没有离别时的伤感和无奈，更多的是充满了希望，希望自己能够早日见到家人。或许还怀着小小的不满，但是希望终将会化解这小小的不满，最终引领着大家奔向快乐的殿堂。

这首曲子不仅结尾安排奇特，而且所用的也是少见的升F小调，这在18世纪的交响曲中可以说是独一无二的，乐曲就是以奇特的调性，来表达奇特的情感和奇特的结构。第一乐章是很快的快板，情感十分强烈。以突然出现的全乐队合奏，以及分解和弦急速下降的第一主题开始，乐句单纯，但是给人极为深刻的印象。当你听到这一乐章的时候，你会觉得自己的情绪被带动，甚至产生了共鸣。很好，你开始融入了。所以第一乐章作为你放松前的准备活动的背景音乐是不是很合适？第二乐章，慢板，温柔而简朴的A大调柔板，静静地演奏出主题旋律，显得沉静而安详。这一乐章的节奏比较缓和，适合我们进行放松训练，用它来缓和一下你有些动荡的情绪。而第三乐章，小步舞曲，节奏稍快而复杂，但是依然典雅庄重。记住此刻才是我们用音乐缓解疼痛的开始，激烈的节奏感让你整个身心开始兴奋，你甚至有些斗志昂扬了，对于疼痛，它似乎变得没有那么可怕了。第四乐章，急板，以极快的速度向前发展。更快的节奏，让你的身心更加有力，对于疼痛，它显得那么微不足道。是的，你战胜了疼痛，身体已经感受不到疼痛了。曲子最后回归到平静，直到结束全曲，你的心开始随着曲调的放缓而逐渐恢复平静。

了解了这些之后，让我们一起来聆听这首动人的乐曲，让音乐来缓解我们身体上的疼痛。相对于前面使用的音乐放松以及后面所要提到的音乐冥想等方法来说，使用音乐缓解疼痛的方法很简单——非指导性音乐想象。在非指导性音乐想象中，心理调适者在意识转换状态中聆听的音乐，同时自由想象。你只需要闭上眼睛，跟着音乐自由想象就好了，但是一定要记住不要把自己的注意力集中在身体的疼痛上，不然你的疼痛感会越来越强烈。

非指导性音乐想象，具体的做法应该是什么样子的呢？

第一步，你要让自己感到舒服，这是所有音乐心理调适中都必须要注意的，只有在舒适的感觉下，你才有可能获得完全的放松，而放松是进一步心理调适的基础，所以让自己感到舒服是很重要的！你可以躺在自己的床上，或坐在沙发上，或躺在有垫子的地板上。房间里的光线要调到比较暗，房间温度适中，你可以准备一条毛毯在身边，当你放松之后可能会出现体温下降的情况，保持温暖是可以让人心里感到安全的。

第二步，缓解疼痛，放松的焦点就要放在缓解疼痛上。这里说的焦点不是让你把注意力放在自己身体的疼痛上哟，而是要你明确此次心理调适的目标，然后根据目标来选择相配合的音乐，同时也让你在音乐想象中发展出一个类似主题的故事或思路，也就是围绕着如何缓解疼痛这一主题来进行自由想象。

第三步，选择适当的音乐。你可以选择任何你喜欢的音乐，但是音乐风格以热烈、欢快和有力最为合适。舒缓、平静的音乐，镇痛作用通常会比较小一些。

第四步，放松训练，也就是我们在前面提到的肌肉渐进放松训练，相信现在的你已经熟练地掌握了放松训练的方法。但是因为这是针对非指导性音乐想象进行的准备工作，所以在放松训练的结尾处，你给自己的指导语会有一个小小的变化："现在感受你的身体需要治愈的那一部分，让治愈的力量随着音乐进入你的身体；或者为自己建造一个心灵的花园，花一点时间等待这个花园所有的细节出现在你的脑海，并且让音乐为你带来这个地方的感觉。"

第五步，进入音乐。请你跟着耳边的音乐自由想象。当然，如果你实在不知道该想什么，你也可以参考前面提到的冥想放松法，拿一件真实的物体，可以是水果，或者是手边放着的小公仔，也可以是床头边的小摆设。看着它们，发挥你的想象。你可以反复仔细观察手中物体的形状、颜色等特点，然后闭上眼睛，回忆手中的物品给你留下了哪些印象。或者看着手中的玩偶，自己在心中编造一个小故事。当然你也可以借鉴后面将要提到的指导性音乐想象，不管是哪种方法，只要可以让你从疼痛的关注中解放出来，都是可以的。当你全身心地投入到自己的想象中时，你很快就会忘记身体的疼痛。

第六步，音乐想象的体验结束。如放松训练一样，在音乐结束之后，你不要急于睁开眼睛，先让自己保持刚才的想象，然后逐渐让这些意象消失。先让自己的身体感受一下身下的床或者沙发，活动一下自己的双脚和双手，伸伸懒腰，在你准备好了的时候睁开你的眼睛。

第七步，对自己体验的总结。你可以通过任何形式来对你的想象体验进行总结。可以跟自己的家人一起分享，又或者写在自己的日记本里，当然你也可以通过绘画把自己的音乐想象呈现出来，可以是自由的绘画，或者是"曼陀罗绘画"（在空白的纸上画上一个圆圈，并在圈内着色及画图，不用思考该画什么，也不用思考什么时候终止，直到你觉得"完成了"，"抒发够了"，你就可以停笔了）。

也许你会觉得整个过程都很简单，但是要注意的是你很可能自己陷入一种负性情绪，即使你耳边的音乐是如此的振奋人心，你的内心却依然忧郁不已。这时候，你就要停止音乐想象了，让自己安静地坐一会儿，想象一下美好的情景，再重新开始。若是自己的情绪一直无法缓和，那么你可以换指导性的音乐想象方法，或者终止心理调适，出去活动活动，另外再找个时间进行缓解疼痛的音乐调适，千万不要让自己一直陷入不好的情绪，这样会适得其反。

如何使用音乐缓解疼痛

你一定听说过这么一个脑筋急转弯的题目："世界上只有一种疼痛能够让人忍受，这种痛是哪种痛？"标准答案应该是："别人身上的痛。"

从医学观点来看，一个人身上会有各种各样的疼痛，有的可能是身体上的疼痛，有的可能是心理上的疼痛，有的是既有身体上的疼痛又有心理上的疼痛。而且疼痛的程度因人而异。日常生活中，最常见的疼痛缓解的方式就是使用麻醉或镇痛药物。俗话说"是药三分毒"，不管是什么药都会多多少少有些副作用，而镇痛类药物存在着十分明显的副作用，可能会造成大脑损伤，甚至影响服药者的智力功能，对服药者的头脑清醒和运动功能都产生不良影响。而孕妈妈处于非常敏感的时期，一旦出现副作用很可能会影响到肚子里胎儿的发育。另外，孕妈妈身体上的疼痛多半是持续存在的，在短时间内不会消失，而镇痛药物的效果则往往是以小时来计算的。

那么如果不能用药物进行生理上的止痛，我们是否可以从精神层面来缓解疼痛呢？音乐镇痛给了我们明确的答案。在听音乐的过程中，音乐可以改变情景，使人们的心里舒坦，人们的疼痛感会得到明显的缓解。音乐可以镇痛已经是一个不争的事实了。而且音乐可以随时随地播放，持续时间可以由我们自己掌控，并且不存在镇痛药物和麻醉药物所带来的副作用。所以在国内医疗领域，越来越多地使用音乐作为缓解疼痛的方法。临床上最早用音乐镇痛是在牙科手术过程中，随后又扩展到其他的医疗领域，比如，音乐可以缓解癌症病人的疼痛、烧伤带来的疼痛、外科手术过程和术后疼痛、骨髓移植过程中的疼痛、心脏手术疼痛、分娩疼痛等。

我先介绍一下音乐镇痛应该注意的事项。相对于平常无疼痛或者平静状态，当你处于疼痛困扰的情况下，你的呼吸、血压会处于一个较高的水平。比如，你感到兴奋的时候，呼吸的频率会增加，心跳也会加快，皮肤温度也会上升。而唤醒水平高，也就是说对于外界的刺激能够很容易就引起的反应，比如相对于意识模糊状态下，意识清楚的时候你更容易对外界的刺激做出反应。即相对于意识模糊状态下，你在清醒状态下的唤醒水平比较高。

音乐调适的音乐选择要遵循共振原则（ISO Principle）。在物理学中也有共振这个术语，即两个振动频率相同的物体，当一个物体发生振动时，会引起另一个物体随之振动的现象。共振在声学中亦称"共鸣"，是指物体因共振而发声的现象，如两个频率相同的音叉靠近，其中一个振动发声时，另一个也会发声。共振是宇宙间一切物质运动的一种普遍规律。人及其他的生物也是宇宙间的物质，当然共振也就普遍存在于人体中。

每个人都有自己内在的声音本体可代表其独特的特质，明确自己的需求，选择适当的音乐加以自己的情绪，进而建立与音乐的互动。

现在，我想用一种通俗的方式向你介绍音乐是如何通过震动频率作用于人体的。

大自然有一种物理现象，叫"夺获"，举个简单的例子：两个时间不一致的机械手表，在一起放置时间长了，你会发现它们的时间开始逐步接近；你可能还有过这样的体验：大学宿舍或者在一个以女性居多的办公室，时间久了，你们的生理期也开始接近。我们利用自然界的"夺获"现象，也可以让音乐对人产生作用。

根据音乐治疗的共振原则，此时用于缓解疼痛的音乐应该与心理调适者的生理唤醒水平一致，用热烈、欢快和有力的音乐带来的力量夺获我们此时的无助感。一般来说交响曲给人的感觉也是比较宏伟激烈的，你一定听过贝多芬的《命运》，这首曲子承袭了贝多芬一向的曲风，跌宕起伏、振奋人心。但是这首曲子感情比较复杂，而且过于激烈，不大适合用于心理调适。当然若是你的生理阈较高，可能会需要强烈的刺激才能唤醒你的生理反应，那么你可能会需要这么强烈的曲子。

至于音乐播放的时间根据你自己的需要，可长可短，在不影响你的睡眠的情况下，甚至可以全天一直持续播放。前面我们进行音乐放松时没有提到过对音乐播放设备的限制，当然现在也没什么限制，但是我有个小建议，那就是你可以使用入骨传导式耳机，它可以绕过耳膜，减少对骨膜的损伤。

你平时用耳机听音乐一定有过这样的感受：音乐好像不是从耳朵里的耳机传出来的，而是就在头颅之中，好像音乐就是从脑子里飘出来的，在头脑里晃荡。这是一种被称为"及颅感"的感受。虽然神经生理学还没有能够解释和证实这种感受体验，但是我们有理由相信，使用耳机聆听音乐对大脑的皮下组织的刺激可能会更大一些。而且使用耳机可以掩盖周围环境中的噪音，有利于你把注意力集中在音乐上。

使用耳机要注意时间和音量，不要持续太长的时间，这样可能会损害你的听力。若是想持续长时间播放音乐的话，还是使用外放设备吧，或者交替使用也可以。音量是多大呢？音量由你来掌控，只要让你感到最舒适就好。如果使用耳机的话，可能会随着时间的变化对音量的要求也有些变化。但是有一点是始终不变的，那就是你在整个过程中要感到舒服。

音乐到底能不能缓解疼痛？答案是肯定的。但音乐能够在多大程度上减轻疼痛，这个问题却是一直有争议的。虽然音乐镇痛在医学研究以及临床上的使用越来越普遍，绝大部分研究和临床报告也证实了音乐的确有明显的镇痛作用，但是这种镇痛的效果到底是什么样的，却没有统一的答案。可能是因为这些研究涉及到不同的疾病领域，而且不同的研究者使用的音乐也不同，所以才无法得到一个一般性的结论。

Tips：其他小建议

缓解孕吐的方法

说到缓解孕吐的方法，你一定有很多心得体会想跟我们分享吧！当然你也可以看看我这里提供的几种小方法是不是和你的一样呢？若是一样，那就是"英雄所见略同"了，太有默契了。若是不一样的话，你也可以尝试一下新的方法哦！

（1）五种小零食缓解孕吐——食物的选择

说到食物，你肯定是心里想吃，可是生理上却抑制不住呕吐的欲望。经过几个星期的反胃生活，你一定已经很清楚哪些食物已经被列入了黑名单，这些黑名单食物将在以后的很多年对你产生影响，就如你父母一辈的人经历自然灾害时吃了大量的红薯，也许他（她）一辈子都不想再吃那种食物。

首先，那些自己听到、看到或者闻到就会让你恶心呕吐的食物，你要尽量避开。其次，你应该考虑少量多餐的进食习惯，这样可以让你的胃舒服些，同时也可以维持血糖平衡。最后，当然就是食物的选择了，选择正确的食物既可以保证你每天所需的营养，亦可以缓解呕吐的烦恼。

易消化的食物：孕期因为生理变化，经常出现恶心呕吐。而不易消化的食物更容易加剧呕吐，因为食物在胃中停留时间越长，越容易引起呕吐。大家应该有过因为吃了不消化的东西而产生腹胀、反胃的感受，这其实是一样的道理。因此，孕妈妈们一定要多吃一些易于消化的食物。在脂肪、蛋白质、碳水化合物这三大产能营养素中，碳水化合物供能最快，消化最快。建议选择富含碳水化合物的主食或点心，例如粥、面包干、馒头、苏打饼干、甘薯等。

水果：很多孕妈妈喜欢吃果干，觉得吃果干又营养又方便。其实相比于果干，新鲜水果更加营养，特别是水溶性维生素含量非常丰富，而且能量较低。另外，有些妈妈喜欢喝果汁，但是制作果汁会导致水果原有的维生素损失，而维生素C对于孕吐有很好的治疗作用。因此常吃些维生素C含量丰富的水果，例如鲜枣、猕猴桃、橙子、柠檬、百香果等。

坚果：一般的坚果油脂都比较丰富，同时也含有丰富的膳食纤维，能够起到润肠通便的作用。孕妈妈如果便秘会加重呕吐，所以多吃坚果可以缓解便秘，从而缓解呕吐。另外，瓜子、核桃中含有丰富的维生素B6，可以来辅助治疗早孕反应。与此同时，坚果有利于胎儿智力的发育。我相信很多妈妈们都有在孕期吃核桃补脑的经历，觉得吃了核桃之后，宝宝会更聪明。这确实是有科学依据的，但不仅仅核桃可以补脑，其他的坚果也有同样的功效。因为坚果还有丰富的不饱和脂肪酸和矿物质，有利于儿童的脑部发育。最后提醒大家，选择坚果时，最好是闭口原味的，闭口可以减少脂肪氧化，减少微生物污染和灰尘污染；原味可以减少盐、糖和油的摄入。另外，坚果再好，也要适量哦！

高蛋白食物：高蛋白饮食不仅营养价值高，而且有预防孕吐的作用。日常生活中最为常见的优质高蛋白食物有鸡蛋和奶制品。有些孕妈妈不喜欢喝牛奶，可以喝酸奶代替。酸奶还有另外一个好处就是富含乳酸，可以促进钙的吸收。孕妈妈尤其需要注意补钙，因为随着孕期增长，需钙量也会增加。另外也可以在牛奶中加些姜丁或姜末，防孕吐效果更好，牛奶要喝，姜丁要吃。

微波食品：油腻是孕妈妈最为忌讳的，甚至一看到油腻腻的东西就开始反胃作呕。所以孕妈妈的食物一般都是清淡烹饪、蒸煮之类。除了一日三餐外，其实零食也可以采用无油烹调——微波烹调。将面包片、馒头片放在微波中烤一下，既不油腻，也增加了口感。也可以把牛奶冲的燕麦片放微波中热一下，高温1分钟即可食用。当然，你也不能太频繁地吃微波食物，要注意营养的均衡。

（2）冥想——音乐心理调适

很多时候，你可能会因为呕吐不再想摄入食物，即使你知道此刻自己真的很需要食物补充营养，因为你的身体里孕育着新的生命，它需要更好的成长环境。可是即便你知道这些，但是仍然无法控制自己对食物的厌恶，那么该怎么办呢？现在我们一起来做一个小小的音乐冥想训练吧。

伴随一段《神秘园》的音乐，现在你开始想象自己吃下去的食物，经过口腔、咽喉进入肠道，然后进入胃里，经过胃液的消化变成营养液，它们缓缓地通过脐带送入胎儿体内。那营养液如暖流般涌入宝宝的血液里，它似乎感受到了来自你身体的温暖，轻轻地动了动身体，小小的嘴巴轻轻地抿了抿，像是在吮吸，皱皱的小脸上也挂着笑容，一副享受的模样。随着营养的不断输入，宝宝一点一点地长大了。皱巴巴的皮肤似乎也伸展开了，粘合在一起的眼皮也开始慢慢睁开。他（她）的手腕已经成形，脚踝开始发育完整，手指和脚趾清晰可见，手臂更长而且肘部变得更加弯曲。身体一点一点地长大了……

当然你可以根据自己的想法来观想胎儿在滋养下开始发育长大，但是要知道这种想象越具体越好，越具体的想象越能够让你更加清晰地去感受宝宝的成长。渐渐地你也会发现，对于食物你已经不再那么排斥了，慢慢地进食成了一种享受，除了享受美味的食物，更是享受怀孕这个过程，宝宝成长的过程。

如何避免经常去洗手间的尴尬

（1）通过食疗缓解尿频症状

山药是我们日常生活常常食用的食材，也是一味中药。我们都知道山药营养丰富，具有滋补的作用，却不知道山药具有缓解尿频的作用。这是因为山药中富含粘蛋白、淀粉酶、皂苷、游离氨基酸、多酚氧化酶等物质，常吃山药能够起到健脾、益气、固肾等作用，从而缓解孕期女性的尿频现象，同时也可以滋补身体。

（2）适当地调整喝水习惯

喝水过多是造成尿频的主要原因之一，但是多喝水却有益身体健康。喝多少谁才足够呢？在白天要多喝点水，很多媒体宣传每天至少喝8杯水，当然这个量也会因杯子的大小因人而异，只要你能够保证身体里的水分足够就好。同时也要注意，千万不要为了避免常常上厕所的尴尬而刻意忍着不喝水，因为孕妈妈们水分摄取不足会带来更大的麻烦，比如便秘甚至泌尿系感染。又因为怀孕期间，孕妇体内的血流量增加了1倍，只有摄取充足的水分，才能满足循环和消化的需要，并保持肌肤健康。当然为了保证夜间的睡眠，减少夜间上厕所的次数是必要的，你可以在睡前1~2小时内尽量少喝一些水。另外，还可以在睡觉时尽量多左侧卧，以减少膀胱的压力。

（3）少吃利尿的食物

当然，在怀孕期间多吃水果对于孕妈妈和胎宝宝都是有好处的，但是因为水果中水分充足，多吃会让人频繁地上厕所，所以对于本来就尿频的孕妇会使其尿频加重。当然这些食物其实对身体是有益的，但是在外出或者频繁上卫生间不方便时尽量少吃，平常少吃也没有问题。

（4）加强肌肉力量的锻炼

会阴肌肉可以控制骨盆肌肉的收缩从而控制排尿，所以孕妈妈可以多做一些会阴肌肉收缩运动，既可以控制排尿，也可以减少生产时产道的撕裂伤。另外也可以做骨盆放松练习，可以预防压力性尿失禁。如何做骨盆放松呢？具体做法：双腿呈跪姿，双手扶地，与肩同宽，呈爬行动作，背部伸直，收缩臀部肌肉，将骨盆推向腹部，并弓起背，持续几秒钟后放松。任何瑜伽音乐均可以作为疗愈工具。若孕妇之前被指出有早产风险，是否能进行该锻炼应征求医生的意见。

如何缓解疼痛——音乐呼吸训练

音乐呼吸训练是一种非药物无副作用的止疼方法，主要是通过缓解焦虑以及减轻肌肉收缩，提高疼痛忍受力来缓解疼痛。很多人都知道我们的呼吸分为深呼吸和浅呼吸，其实我们还有一种呼吸叫浅表呼吸，类似于喘气，呼吸较为急促，一般我们生活中很少使用这种呼吸。而深呼吸，我们在放松的时候会使用到，深深吸一口气，感觉空气从鼻孔里流进肺部，感觉肺泡鼓起来了，空气继续流进肺部，你能感到肺部的最下端充满空气，整个胸腔打开了，紧接着，用嘴缓慢而深沉地将气体呼出。你一定觉得很眼熟，常练瑜伽的妈妈们一定深谙此道。而浅呼吸是相对深呼吸而言的，也就是只需要肺部的上部充气，这样胸部的上端和肩胛将会上升和扩展。呼吸应该丰满而短促，嘴唇微微开启，通过喉部把气吸入。

那什么样的呼吸才能够更有效地缓解疼痛呢？我的回答是有节律的慢呼吸。有节律的慢呼吸是一个简单有效的非药物控制疼痛的方法。看到这里的时候，你一定感到很好奇，因为这好像并不属于前面提到的三种呼吸中的任何一种，但是其实这种慢呼吸更多的属于深呼吸，因为深呼吸有镇静放松的作用。

可是作为没有接受过音乐专门训练的你，掌握节律是有一些困难的，这时候，你完全可以通过音乐这个辅助工具，帮助自己达成目标。

在开始进行有节律的慢呼吸训练时：（1）创造一个安静的环境，选择一个舒适的体位，可是莲花盘坐，也可以是睡姿，只要你感觉到舒适就可以了。（2）轻轻地闭上你的眼睛，用心去感受你的呼吸，只是去感受而不要改变，注意感受自己的呼吸是快还是慢，是深还是浅。接着感受空气是如何流进身体的，它流经了身体哪些地方，持续关注一段时间。（3）在放松的状态下，正常呼吸三次，在呼吸过程中观察自己身体的变化，特别是胸部的起伏。（4）接下来开始深而慢地吸气。感受气体通过鼻孔，流经喉咙，进入肺腔，最后流入腹部，感觉腹部微微鼓起。（5）缓慢呼气，随着气体的排出，你渐渐开始放松，心里所有的紧张随着气体排出体外，都将离你而去。（6）缓慢地有规律地吸气和呼气，呼吸频率尽量放慢，最好是采用腹式呼吸。（7）把注意力集中在呼吸上：吸气时，默数三次，呼气时，默数三次 。（8）在呼吸放松训练的过程中，可以想象自己正躺在沙滩上，蓝天白云，柔软的沙滩，你觉得心情愉快，身体十分放松。自己每次的吸气，都将具有治疗作用的氧气吸入身体里，它在身体里流动，流经你某个疼痛的部位，疼痛随着你的呼气离开了身体。缓慢的呼吸训练重复多次，时间为20分钟左右。（9）在训练结束时，做一次缓慢的深呼吸，在呼气时心中默念"我已不疼了，疼痛已离我而去"。

好了,你可以自由练习了,当然如果你有瑜伽经验,给自己配一段瑜伽音乐,效果会更好哦!相信你很快就能自如运用了,并很好地缓解疼痛!

案例分享

小夕是一位对疼痛特别敏感的孕妈妈,有晕针史。随着怀孕的时间越来越长,腰痛会时常发生。她有时候恨不得吃止疼药来缓解疼痛,可是因为药物会对宝宝的健康产生影响,再疼也只能忍着,忍不住的时候也会在先生面前哭泣,婆婆开始对她有责怪,觉得过于娇气,以后怎么带孩子。这种情绪问题带来了更加严重的疼痛,时间久了开始出现严重睡眠问题。

初次见她的时候,脸色很苍白,看起来没什么精神。她告诉我说,因为怀孕导致身体的疼痛经常睡不好觉,所以精神也不大好。她已经尝试过很多方法来缓解疼痛,可是都没办法,有时候痛起来,完全无法站立。我推荐她使用非指导性的音乐治疗方法,她觉得有些不可思议,听音乐怎么可以缓解疼痛,但是因为实在没有办法,她表示愿意尝试。

在进行音乐调适之前,我明确告诉她此次调适的目的是缓解疼痛,所以注意的焦点不能放在身体疼痛的部分,要在这个明确的目标之上来选择与之相配合的音乐,同时也要根据音乐想象出一个主题,而这个主题当然是要围绕着我们的目的进行,也就是缓解疼痛。

她似乎有些不明白,既然不能将注意力集中在身体的疼痛上,怎么又能够去想着缓解疼痛的目标,看起来有些矛盾。我告诉她,有时候只要把注意力从疼痛上转移就是一种很简单又有效的方法。她很快就明白了我说的意思。她选择了她常常听的一首钢琴曲《少女的祈祷》,每次听到这段旋律的时候,她意象中的情景是一个腹部微微隆起的、穿着白色长裙的长发女孩儿,置身于氧气重组的大森林中，阳光撒下来照在她光洁的额头，她期待一个新生命的到来，很美好。

我在进入正式非指导性音乐调适之前，进行了肌肉渐进放松训练，具体的程序就不再介绍了，放松训练的目的是让我们能够以更舒适的状态来进行音乐治疗，对效果有促进作用。同时肌肉的放松也是可以缓解疼痛的。待她的身体全部放松后，她显得很享受。

"现在想象一个属于你自己的空间，这个地方可以是你最喜欢的地方，或者对你有特殊意义的地方。花一点时间等待这个地方的场景出现在你的脑海里，并且让音乐为你带来这个地方的感觉。"

"请你跟着耳边的音乐自由想象。你要反复仔细地观察你所看到的每一个事物。你眼前的少女穿着白色的长裙，裙子有多长，有什么褶皱，女孩头发有多长，想得越具体越好……对，就这样子，关注每一个细节……"（因为小夕在进行想象之前已经描述过自己听到这首乐曲的感受，所以根据她之前的陈述，指导语做了一些调整。但因为是非指导性自由想象，所以指导语并不多，只是做一些简单的指引，让她能够知道如何去想象）

在大约20分钟音乐结束后，"你不要急于睁开眼睛，先让自己保持刚才的想象，然后逐渐让这些意象消失。先让自己的身体感受一下身下的沙发，活动一下自己的双脚和双手，伸伸懒腰，在你准备好了的时候睁开你的眼睛。"

她睁开眼睛，有些留恋地感叹："其实在放松训练之前，我还能感受到腰部的疼痛，可是因为一直在注意其他的地方，所以渐渐地竟然感受不到疼痛了。我看到了一个金发的少女站在许愿池边默默祈祷，仿佛就是看到我自己在暗暗祈祷不要再痛了，祈祷宝宝平平安安的，我看到她乌黑的双眸……我几乎都忘记自己在治疗室里……真的是很神奇……"

我给她简单地介绍了音乐镇痛的原理，并建议她每天在睡觉前自己进行一些音乐的调适，可以尝试不同的音乐，不同的想象。她接受了我的建议。之后的日子，她用自己的MP3帮自己度过了难熬的疼痛阶段，根据她以及我服务的"月靓母婴俱乐部"人员的反馈，她的腰痛频率减少了，而且感受也没有那么强烈了。

第三章 失眠——辗转反侧就是睡不着

你为何被困在体制内

人人都会有失眠的时候

失眠不仅表现为难以入睡、睡眠不足，还包括易醒、早醒，或者睡后不缓解疲劳，比如你不时感觉疲倦、乏力、注意力不集中、情绪易激怒等。

晚上睡不着对于很多人来说都是一件很普遍的事，也是一种心理上的折磨，有人甚至会怀疑自己是否患了抑郁症，因为抑郁症的第一个躯体症状就是失眠。你因此感到忧虑或恐惧，进而更加睡不着，从而导致一种恶性循环，也就是睡不着就感到焦虑，越是焦虑就越睡不着，从而使失眠长期持续存在。

偶尔失眠在日常生活中是很常见的，特别是在心情不好、用脑过度、到了一个陌生的环境、工作压力大以及睡前剧烈运动等原因引起兴奋的情况下出现的失眠，都是人体的正常反应。这种短暂的失眠在大脑的自动调节和我们自身适应的过程中可很快恢复正常，所以我们日常出现的失眠并不能算是失眠症。

入睡困难

怀孕的你是不是也越来越觉得自己经常出现失眠的情况，有时是入睡困难，有时候又是睡着后容易惊醒，醒后更难以入睡。也许你会认为，你的身体和激素都在为宝宝的成长提供支持，你的身体一天24个小时都在不停地运转，你觉得自己已经累得不行了，但是似乎仍然无法沉沉地睡个好觉。

怀孕时期的睡眠方式与新生儿很类似，深度睡眠的时间会减少，相应的，浅眠的时间会增加。在浅眠的状态下，你很容易感受到身体周围的变化，从而更容易醒来。为什么会出现睡眠上的时间变化？从生物进化论的角度来看，这种变化的目的是为了适应生存环境。尽管它带来了不便，但它确实让你为今后夜间照料婴儿这一现实做好了准备。做母亲并不是早九晚五的工作，你需要随时准备着照料婴儿。事实上，胎儿的新陈代谢并不像成人一样在晚上就会减缓，因此母亲的新陈代谢在晚上的时候也无法像从前没有怀孕的时候那样慢下来。这种睡眠的变化也为你在产下婴儿之后照料婴儿做了一个准备和适应。产后，你必须半夜爬起来喂奶、换尿布。你必须接受这个现实，你想安安稳稳地睡上一整夜就如同想让幼儿安安静静待上一整天那样困难。

生理、心理与失眠

孕妇的失眠除了从生理上的变化来适应生活环境的变化外，还由很多其他身体上和心理上的不适引起。导致孕妇失眠常见的生理症状有：1.腰背疼痛。腰背疼痛是孕妇常见的症状，孕妇腹部沉重，不能保持正确的姿势，腰部肌肉容易疲劳，所以引起腰痛。加上怀孕后为了分娩时婴儿能顺利通过产道，人体内分泌一种激素，可使连结骨盆的韧带松弛，这种激素同时起到松弛肌肉的作用，使脊椎的弯度加大，所以容易腰痛。2.尿频。妇女的子宫位于骨盆腔的中央，其前方为膀胱，后方为直肠，子宫体可随膀胱和直肠的充盈程度不同而改变位置。妊娠早期，子宫体增大但又未升入腹腔，在盆腔中占据了大部分空间，将膀胱向上推移，刺激膀胱，引起尿频。妊娠晚期，胎儿降至骨盆腔，压迫膀胱，使膀胱容积减少，贮尿量明显减少，排尿次数增多，约1~2小时排尿1次。这种尿频现象，属于正常情况，不必顾虑。当然，它会影响你的睡眠。

除了生理上的影响，心理上的影响当然更不能忽视了。常见的心理问题正如我们前面所讲到的焦虑心理。正值高度焦虑时期的准妈妈们，晚上不是被自己奇怪的梦惊醒，就是完全清醒地在那里胡思乱想瞎操心。还有我们接下来将要讲到的抑郁心理，也是导致失眠的一个重要原因。心情低落的准妈妈总会去预想一些将来不会发生的危险情况，比如担心自己的失眠会导致自己的宝宝发育不健康，或者担心自己的宝宝不小心会流产等诸如此类的想法，越想越害怕，越想越焦虑，越想就越睡不着了。以及接下来讲到的准妈妈情绪易波动，很容易因为一些小事情就发脾气导致自己的心情激动、身体兴奋而不能够入眠。

跟我学点心理学

睡眠为何物？

要想解决失眠带来的困扰，我们首先得了解什么是睡眠。

睡眠是我们日常生活中不可缺少的活动，人的一生大约有三分之一的时间是在床上度过的。对于睡眠我们是既熟悉又陌生，大家都知道睡眠时的意识状态不同于清醒时的状态，但是睡眠究竟是怎么一回事呢？这个问题确实难以回答清楚，这是因为在我们睡着的时候，我们对自身以及外界的事情几乎是一无所知的。但是心理学的研究大大地加深了我们对睡眠的了解，特别是现代科技的发展，我们已经可以比较清楚地了解一个人从清醒状态进入睡眠状态时，大脑生理电活动的一些复杂变化。虽然我们还没有完全破解大脑的奥秘，但是我们对睡眠的了解一定是日益加深的。

一般来说，我们的睡眠是分为四个阶段的，每个阶段持续约一个小时到一个半小时。也就是说一个晚上，我们的睡眠会在这四个阶段进行大约五次的循环。

第一阶段是浅眠期，持续大约为10分钟，其实也就是类似于我们刚刚入睡时候的状态。这个时候我们的身体是逐渐放松的，呼吸也开始减慢，同时你也会发现此时的自己极易被外界吵醒，即便是一个脚步声都有可能将你惊醒。所以如果在入睡初期被吵醒了，千万不要有焦虑情绪，其实这不过是一个自然的状态而已。相信我，心平气和的你很快就会再次入睡的，但是如果心烦气躁，就很难再次入睡了。

紧接着就是第二阶段了，持续时间约为20分钟，这个阶段的你很难被唤醒，而第三阶段和第二阶段相似，持续40分钟左右。第四个阶段称为深度睡眠期，这个时候我们的身体会进一步放松，呼吸更加缓慢，梦游、梦呓、尿床等发生在此阶段。当四个阶段结束后，接着会进入第一阶段的睡眠，但是并不是对前面阶段的重复，而是进入了一个新的阶段。在这个阶段，你的眼球开始快速左右上下移动，而且通常伴随着梦境。

我们知道了睡眠的阶段，也就知道了在什么时候我们最需要安静的环境，比如第一个阶段，也就是刚刚进入睡眠的时候最容易被吵醒。而在四个阶段完全结束进入深睡的间隙也是很容易惊醒的。

我们常常会因为失眠的困扰而导致工作效率不高、脾气暴躁、身体不适，这从反面说明睡眠对我们是如此重要。那到底睡眠有什么功能呢？你一定会回答我：休息。睡眠使工作了一整天的身体得到休息、休整和恢复。因为每天早上醒来的时候，我们都会觉得精力充沛。当然，这确实是一个很重要的功能，虽然这个功能并没有得到研究者们的一致赞同，甚至有些研究并没有支持这种观点，但是从我们自身的感受来说，似乎确实有恢复的作用，这功能有待我们进一步研究。研究者也发现，若是剥夺睡眠中的某个成分，会对人类的身心健康有重要影响。也有人认为，动物睡眠的目的是减少能量的消耗和避免伤害，而这也是我们人类所面临的。随着进化，睡眠演变成生理功能周期性的一个中性环节，是正常的脑功能的一部分。

越想睡越睡不着

接下来，我们来看看是什么导致失眠的。首先我们要明确，本书中所讲的失眠是排除药物或其他精神疾病的原因，在入睡或维持睡眠上存在困难的症状。我们都知道失眠会影响到日常生活、工作和交际，也可能导致其他的一些心理问题，比如抑郁和焦虑。导致失眠的原因有很多，除了我们前面提到的有关孕妇特殊生理状态外，更重要的是心理上的因素，比如认知、行为等，我们在这里主要从认知角度来解释失眠的心理原因——越想睡越睡不着。

如果你经常失眠,那么请你仔细回想一下,失眠的时候你在想什么或者在做什么?我想你一定是在床上辗转反侧,拿起手机把朋友圈刷了一次又一次,一点了……两点了……看着时间一点一点的流逝,心里更是焦虑,更是希望能够赶紧睡着,可是事与愿违,越是想入睡,越是睡不着。即便是丈夫轻轻的呼吸声,此刻也显得无比聒噪。如果此刻地上掉了一根针,估计你也会觉得吵闹,因为此刻你所有的注意力都集中在睡眠的干扰物上,而声音是阻碍你入睡的最大因素。于是你更加睡不着,接着你一定担心因此会影响第二天的正常活动,甚至会影响到宝宝的健康,于是你强迫自己入睡,可是你越是想赶快睡着却越是睡不着。

这是我们一般人在失眠时进行的一些心理活动,心理学家将这些活动称为负性认知活动。你一定不会怀疑心理和生理是相互影响的,过多负性认知活动会激起自主神经的活动,并诱发苦恼的情绪体验。也就是说,失眠的时候,我们会觉得体温升高、脉搏加速等等,同时也伴随着情绪的变化,比如焦虑、烦躁以及痛苦等。我相信你在失眠的时候一定会有这些体验,如心烦、身体感到有些发热,甚至焦虑。这种生理和心理上的体验会让你更加睡不着。

另外,负性认知会导致注意偏向和监控的出现。我们发现,失眠的时候,注意力会集中在失眠状态或者是导致失眠的原因、威胁睡眠的信息上。也就是说,你会特别注意身体的感受,比如觉得潮热,另外也会特别注意外界的刺激,比如嘀嘀嗒嗒的钟表声。也许是夜晚安静的环境导致你很容易注意到平日里不易察觉的声音,但是你应该有过这样的感受,当你对钟表的声音注意的时间过长,你会发现这个微小的声音竟然会有些刺耳,而且声音越来越大,你甚至无法从它上面转移注意力,而这种被迫集中的注意力会引起更严重的对入睡的焦虑。

而注意和监控进一步引起对睡眠缺陷的扭曲感知,也就是说,我们会认为自己入睡花了很长的时间,而真正睡着的时间是很短的。其实,大家应该遇到过这种情况,也就是身边的人告诉你刚刚睡着了,结果你却茫然不觉,说自己根本就没睡着。事实上,你是睡着了而不自知而已。为什么会出现这种情况?因为我们对入睡关注过多，而导致主观地觉得入睡时间比较长。

最后，如果我们经常失眠，就绝对不会让失眠这种状态任由它继续下去，常常会采用一系列的措施来缓解失眠症状，让自己更容易入睡，从而保证自己的睡眠质量。但是你会发现采取一系列措施之后，准备安安心心入睡的你，突然一个想法闯入了脑海，然后你想摆脱这个想法却摆脱不掉，因为你没法控制它。你越是想摆脱这个想法，其实也是在对这个想法进行重复关注。而你为了让自己尽快入睡，一定会采取相应的措施消除这个恼人的想法，最常用的就是压抑自己不去想，结果该想法却有增无减。

音乐膳盒

巴赫伴你入眠——《戈德堡变奏曲》

曾经听过这么一个笑话：一次，在一列正在运行的火车上，一位音乐家正认真地研究着一本乐谱。他吃力地看着音符，时而眉头紧皱，时而自言自语。这时候一个特务从他身旁经过，好奇地看了一眼音乐家手中的乐谱，密密麻麻的音符，怎么看都像是一本密码本，他一把抓住音乐家："你是不是个情报员？"这个音乐家莫名其妙地看着他大声说："我看的是巴赫的乐谱。"却不想，那个特务回答道："少啰唆，你的同党巴赫昨天已经被我们逮捕而且认罪了。"

出生于原东德莱比锡的巴赫，之所以被称为"音乐之父"，是因为他有名的"十二平均率"为后世音乐奠定了基础。如果你是一个音乐小白，初次听到巴赫的曲子，你不会喜欢上他，因为他的曲子节奏的编排变化不算太大，你会觉得有些一成不变，总在不断地重复。其实他对音符做了最巧妙的排列组合，从单调的旋律中创造出绵绵密密的情感和和声。巴赫的音乐，每个音符都很重要，作品结构层次丰富，绝非像印象派那样，拿走几个音符，你都听不出什么变化。所以在一片寂静中仔细去聆听他的音乐，一遍又一遍，所得到的感觉也都大不一样。

即便巴赫是再伟大的音乐之父，你依然会好奇，那么多著名音乐家作了那么多的名曲，即便是巴赫自己的曲子也是很多的，我为什么会偏偏选择名字这么奇怪的一首曲子。那么我告诉你，其实这首曲子本身就是为了催眠而作的，你是不是觉得很不可思议。

刚看到这首曲子的标题也许你并不熟悉，但是当旋律开始流淌，你就会有似曾相识的感觉。俄国驻德累斯顿大使凯瑟林伯爵晚上经常睡不着，受失眠的折磨很久，他需要在睡前听上一段琴曲才能入睡，于是他请来戈德堡为自己弹琴，服侍自己入眠。随着时间越来越长，戈德堡没有新的曲子用来弹奏，只好求助于自己的老师巴赫，巴赫因此写了一首变奏曲，也因此得到了一只装满100枚路易的金杯作为酬劳。你能想象这是一首伟大神秘的催眠曲吗？这部作品是巴赫在莱比锡时所作，属于晚期作品，于1741年出版，原名叫作《有各种变奏的咏叹调》。

巴赫的《戈德堡变奏曲》究竟有什么奥秘可以催人入眠呢？这首曲子前后都反复演奏，时间需要55分钟，这么长的一首变奏曲，很多人可能听着听着就打瞌睡了，那也真是一种"催眠"了。然而这首曲子真正能够成为催眠曲的原因在于它的编排之巧妙。正如巴赫的许多作品一样，简单的旋律在变化多端的节奏中游走，起起伏伏，有时充满温暖宁静，有时又是唠叨的聒噪。而且里面有非常巧妙的对仗，这简直如同数列！正是这样巧妙的安排，重复而不单调，重复而不失活泼。只要你静下心来，细细地体味，那千丝万缕的情感如同流水般，一点一点地流淌出来，涌入了心灵深处，渐渐安抚你入眠。

接下来，我们将结合这首催眠曲来帮助已经被失眠困扰了很久的你改善睡眠。由于失眠的人通常是因为入睡前精神不能放松，担心当晚又要失眠而感到焦虑，所以在开始音乐催眠的时候你要结合一些音乐想象，也就是我们在第一章里面介绍过的指导性音乐想象。当然你也可以选用非指导性音乐想象，也就是不用指导性的话语，自由地放飞你的想象，但是必须记住，你的想象要美好，要能够放松自己心情的场景，这样才能使你的精神得到放松。请你把注意力集中在对美好大自然景色的想象和体验上，这样才能缓解和避免睡前的焦虑。然后请你跟着以下的引导将注意力集中在自己的身体上，进行肌肉渐进放松训练，帮助你一部分一部分地放松身体，直至进入睡眠。也许你会觉得这个方法有些眼熟，很好，这说明你已经开始学习到了音乐调适的方法了，是的，我们曾经在第一章提到过肌肉渐进放松训练,但是这里的放松训练和第一章里又有所不同,那到底有什么不同呢?接下来,我们一起来体验吧!

"请把全部注意力都集中到你的双脚上,双脚放松了……放松了……越来越放松了……"

"放松的感觉让你的双脚开始微微发热了……发热了……发热了……"停顿10秒钟。

"仔细地体会双脚放松和发热的感觉。"

"请把注意力集中到你的小腿上……小腿放松了……放松了……越来越放松了……"

"放松的感觉让你的小腿也感到微微发热了……发热了……发热了……发热了……"

"仔细地体会小腿放松和发热的感觉……"

"请把注意力集中到你的大腿上……大腿放松了……放松了……越来越放松了……"

"放松的感觉让你的大腿也感到微微发热了……发热了……发热了……发热了……"

"仔细地体会大腿放松和发热的感觉……"

"请把注意力集中到你的臀部上……臀部放松了……放松了……越来越放松了……"

"放松的感觉让你的臀部也感到微微发热了……发热了……发热了……发热了……"

"仔细地体会臀部放松和发热的感觉……"

"请把注意力集中到你的腹部上……腹部放松了……放松了……越来越放松了……"

"放松的感觉让你的腹部也感到微微发热了……发热了……发热了……发

热了……"

"仔细地体会腹部放松和发热的感觉……"

"请把注意力集中到你的腰部上……腰部放松了……放松了……越来越放松了……"

"放松的感觉让你的腰部也感到微微发热了……发热了……发热了……发热了……"

"仔细地体会腰部放松和发热的感觉……"

"请把注意力集中到你的背部上……背部放松了……放松了……越来越放松了……"

"放松的感觉让你的背部也感到微微发热了……发热了……发热了……发热了……"

"仔细地体会背部放松和发热的感觉……"

"请把注意力集中到你的胸部上……胸部放松了……放松了……越来越放松了……"

"放松的感觉让你的胸部也感到微微发热了……发热了……发热了……发热了……"

"仔细地体会胸部放松和发热的感觉……"

"请把注意力集中到你的双手上……双手放松了……放松了……越来越放松了……"

"放松的感觉让你的双手也感到微微发热了……发热了……发热了……发热了……"

"仔细地体会双手放松和发热的感觉……"

"请把注意力集中到你的小臂上……小臂放松了……放松了……越来越放松了……"

"放松的感觉让你的小臂也感到微微发热了……发热了……发热了……发热了……"

"仔细地体会小臂放松和发热的感觉……"

"请把注意力集中到你的大臂上……大臂放松了……放松了……越来越放松了……"

"放松的感觉让你的大臂也感到微微发热了……发热了……发热了……发热了……"

"仔细地体会大臂放松和发热的感觉……"

"请把注意力集中到你的肩部上……肩部放松了……放松了……越来越放松了……"

"放松的感觉让你的肩部也感到微微发热了……发热了……发热了……发热了……"

"仔细地体会肩部放松和发热的感觉……"

"请把注意力集中到你的脖子上……脖子放松了……放松了……越来越放松了……"

"放松的感觉让你的脖子也感到微微发热了……发热了……发热了……发热了……"

"仔细地体会脖子放松和发热的感觉……"

"请把注意力集中到你的面部上……面部放松了……放松了……越来越放松了……"

"放松的感觉让你的面部也感到微微发热了……发热了……发热了……发热了……"

"仔细地体会面部放松和发热的感觉……"

"请把注意力集中到你的头部上……头部放松了……放松了……越来越放松了……"

"放松的感觉让你的头部也感到微微发热了……发热了……发热了……发热了……"

"仔细地体会头部放松和发热的感觉……"

"请把注意力集中到你的全身……全身都放松了……都放松了……更加放松了……"

"仔细体会全身放松和发热的感觉……"

"好,现在你的全身都放松了……放松了……放松了……"

"你的全身都没劲了……没劲了……没劲了……"

"你感到累了……累了……累了……"

"你的身体变得越来越沉重了……沉重了……沉重了……"

"你的身体在往下沉……沉下去了……沉下去了……沉下去了……"

"越沉越深了……越沉越深了……越沉越深了……"

"你的周围越来越暗了……越来越暗了……越来越暗了……"

"瞌睡了……瞌睡了……瞌睡了……"

"想睡了……想睡了……想睡了……"

"睡着了……睡着了……睡着了……"

"越睡越深了……越睡越深了……越睡越深了……"

"你会睡得很深很香,很深很香,直到第二早上,醒来之后你会感觉非常轻松,非常愉悦……"

你看到这么长一段指导语有些头疼了,眼睛都快看花了。是的,我一直在不停地重复,不停地让你一点一点地去放松身体的每一个部分。当然这里也有个很简单的方法来操作,你只要记住放松的顺序是从脚开始的,当然你也可以从更小的部位开始放松,如脚趾头、脚底板,然后顺着自己的身体一直放松到头部。当然,这里的顺序也是可以改变的,不需要死死地按着我展示的顺序来。当然,你也很有可能在放松的过程中,漏掉某个或某些部位,不要紧的,只要你觉得自己全身放松就好了,是不是很简单?即便不用按着上面那么多的指导语,你一样可以自如地催眠。

如何用音乐缓解失眠

关于失眠你一定不会感到陌生，说不定你还听过这么一个笑话，讲的是一个失眠的人去找精神科医生看失眠症。他告诉医生说，他最近买了一张新床，睡觉的时候老是听到床下有人在唱歌，所以他睡不着。然后医生告诉他，有一个好办法就是睡到床下，就不会有人在下面了。于是病人回家就照办了，结果过了两天，他又来找医生说，现在我觉得床上有人唱歌了，还是睡不着。精神科医生说，你这情况比较严重，看样子你得了幻听症，得长期治疗。

又过了好长一段时间，医生都没有再见过那个人，直到有一天在路上碰见了他，于是医生好奇地问："你最近睡得好吗？还是不是经常睡不着？"这病人有点不好意思，说："我的一个木匠朋友听说我的情况，他说可以帮我想办法，于是就拿锯子将我的新床的四个脚给锯了，这就没有什么床下了，从此以后我再也没有失眠过。"

听完这个笑话，你肯定觉得很好笑，而且还觉得那个医生肯定是个庸医。可是有些时候就是这样的，克服失眠并不需要很高深的学问或者诊疗，当然也不是说那些高深的治疗方法没有效果，但是这些方法需要你花费更多的时间和精力。既然有更加简单的方法，我们何乐而不为呢？虽然你知道音乐可以催眠，但是好奇心很强的你一定想知道为什么音乐催眠有效呢？

下面我们就来解答这个问题。

研究表明，人类天生就对音乐有偏爱，在胎儿期就能够随着音乐舞动。在生活中，你一定也常常看到过很多宝宝都对音乐很敏感，有些宝宝甚至随着音乐起舞，挥动小手，晃动着小脑袋，转动着小眼睛去寻找音乐的来源。除了刚出生不久的婴儿有这种反应，你会发现即便是成人听到音乐，也会不由自主地跟着音乐的节奏晃动自己的身体，这是因为人类有这种对音乐的内在的需要和本能的偏好，而这种偏好会伴随我们一生。其实这种偏好与音乐自身的特点有关，优美的乐曲不仅能愉悦心情、陶冶情操，还能安心凝神，起到催眠的作用。

虽然我们自身对音乐有一种本能的偏爱，但是这依然不能解释音乐为什么会有安神、催眠的独特功能。我们回顾前面几个章节以及结合你从音乐调适里获得的体验，是不是发现音乐确实对人的身心有调适的作用。除了你的主观感受，我们当然也需要科学证据，根据临床上的研究发现，某些音乐特有的旋律与节奏能够降低我们的血压，减慢基础代谢和呼吸速率，使人身体恢复平静。西方国家将音乐用于催眠已不是新鲜事了，当然音乐催眠在我国也日益增多。音乐促进睡眠以及血液循环的作用，在西方国家已经广泛应用于改善失眠症、调节植物神经功能等。当然音乐治疗在我国也日渐兴旺起来。

音乐还可以通过物理作用，也就是直接对体内的器官产生共振的效果来缓解失眠。音乐其实就是一种振动，而人体本身也是由许多振动的系统构成的，如心脏的跳动、胃肠的蠕动、脑波的波动等。听到音乐时产生的振动与体内器官产生共振可以调节到同一个频率，也就是说你在睡觉的时候听一些舒缓的音乐也会放慢你的身体器官的活动，从而促进你的睡眠。悦耳的音乐让人体与之共振，从而产生舒适愉悦感。

当然，除了上面所说的这些原因，音乐能够催眠的最重要原因是它可以诱导出我们大脑中的 α 波。当你看到这里的时候，你是否还记得在前面提到过的 α 波一般在什么时候出现呢？好吧，这似乎有些难为你，因为前面介绍了好几种脑电波，很容易就会混淆。那我告诉你吧，在我们的大脑处于安静和休息状态时出现的是 α 波。我们脑内的 α 波主宰人体安定平静的情绪，心灵治疗的音乐能有效加强 α 波，使其凌驾其他不安的脑波，达到身心松弛、心境平和的效果。音乐能够诱导出 α 波，也就是说音乐能够使我们的大脑安静并休息，这样才能够更容易进入睡眠。但是要注意的是 α 波并不是睡眠时出现的脑电波，而是清醒时并处于安静状态时的脑电波，在睡眠中一般不会出现，也就是说诱导出 α 波并不代表你就进入了睡眠，而是让你处于平静的状态，有利于入睡而已。

特有的音乐节奏与旋律能够使我们较常用的左脑得到休息，为什么说我们日常中主要用的是左脑呢？左脑主管语言、分析、推理，这些功能都是我们办公和学习用得最多的。而音乐对掌管情绪、创造力、想象力的右脑则有刺激作用，对创造力、想象力等潜在能力有很强的提升作用。这也是为什么我们在听音乐的时候会很容易产生画面感，也为我们想象音乐调试提供了强有力的支持。在你一天工作的八个小时中，你左脑的工作量特别巨大，要让左脑得到休息，我们就得主动打开右脑，音乐正是打开右脑最直接的方式。

早在19世纪初，音乐就已经被用来促进睡眠了。根据临床研究表明，失眠的人在睡前聆听合适的音乐，确实可以减少安眠药以及镇定剂的使用。同时，音乐的节奏也会影响人体的荷尔蒙分泌：与青年人比较，音乐能够明显增加老年人的新肾上腺素，而该激素能够促进、减少夜间醒来的次数。音乐促进睡眠的科学研究已经在全世界范围内得到普遍证明，又因为常服用安眠药会产生耐药性和副作用，音乐治疗无毒副作用的优势逐渐突显，逐渐受到重视并广泛使用。

近几年使用音乐来治疗失眠的成功临床案例越来越多，同时我国很多研究者将音乐和我们博大精深的中医结合起来进行失眠的治疗，并取得了成功。有研究者运用五行音乐干预大学生失眠症，取得了较好的疗效，这方面的资料，读者们上网就能浏览到和五行音乐相关的很多信息，这里不再赘述。

使用音乐避免了由于药物带来的不良反应，以及患者对药物产生的依赖感觉。但是也存在着认同率低的困难，因为对音乐治疗的不了解，很多患者怀疑其疗效而拒绝音乐治疗。也有研究者运用具有悠扬沉静、敦厚庄重、典雅和谐等特点的五行宫调对住院的失眠患者进行治疗，改善失眠患者的睡眠状况，临床疗效较好。

音乐虽有催眠的作用，但是并非任何悦耳的音乐都能够起到促进睡眠的作用。作家史铁生曾经说过，音乐可以分为两类，一类是让人跳起来，比如disco或者hihop，另一种让人沉进去，比如古典音乐。用来催眠的音乐当然属于后者，听这种音乐可以使人心绪安宁，遐思悠悠，如入氤氲空朦之仙境，自然在不知不觉中安然进入梦乡了。这种音乐有那么多，我们该如何选取呢？美德日音乐心理学家研究实证指出：如果我们聆听的乐曲无法让我们感到亲切的话，是无法达到放松神经、解除压力的效果的。什么样的音乐能够让我们产生亲切感？当然是它的振动频率与我们身体内的振动频率相近时，我们的身体也就会自然地产生熟悉感，最常见的就是音乐节拍要略等于人类心跳的速率。节奏太快或太慢的音乐都不适于用来促进睡眠，节奏太快会让人紧张，太慢则会令人产生悬疑感。

即便知道了音乐的节奏要与我们的身体振动频率相近，作为非专业人士的我们也很难去挑选合适的曲子，所以我在这里推荐一些促进睡眠的比较常用的曲子。你一定知道著名的《摇篮曲》，但是用于催眠的音乐，并非仅限于摇篮曲，一切舒缓、恬静、温馨的音乐均可选用，如门德尔松的《仲夏夜之梦》中的《夜曲》、德彪西的《牧神午后》前奏曲、舒曼的《梦幻曲》、勃拉姆斯的《摇篮曲》、肖邦的《夜曲》，以及神秘园和恩雅的音乐等，都可作为催眠曲将人唤入梦乡。夜深人静，万籁俱寂，微闭双目，静静聆听，心如大海般安静，在清纯与和谐的音乐中，在澄明幽静的冥想中，夜更显静美祥和，你悠然进入梦乡……

Tips：其他小建议

森田疗法治疗失眠

森田疗法是以其创始人森田正英命名，其治疗思想的核心是"顺其自然，为所当为"，这与我国道家思想有异曲同工之妙。笔者认为，共同的东方文化背景会有思想上的相通，因此大家学习这种方法会更容易一些。

森田认为，人人都有神经衰弱、强迫、焦虑、恐怖等疑病素质。你看到这里的时候，是不是有些质疑他的观点了，但是在现实生活中我们确实正如他所说的，有些神经敏感，比如睡觉的时候一点小动静就能惊醒自己；有时也会有些小小的强迫，比如你有时候会检查好几次自己是否锁好了门，或者重要的文件是否都带好了；焦虑应该就比较常见了。由此可见，其实我们确实有这些疑病素质的，但并非是疑病症，一定要区分开，前者是常见的日常行为，后者是比较严重的心理疾病。

当你失眠的时候，你一定会遇到一个难以摆脱的困境：就是越失眠，你越关注失眠，越是想赶紧入睡，你就越是睡不着。这也就是森田教授所称的精神交互作用，也就是当人把注意力集中于神经衰弱、强迫、焦虑、恐怖等症状上，感觉就会更敏锐，症状也会更严重，形成恶性循环。对于很多失眠的人来说，因其本身害怕失眠，把失眠症看得十分严重而产生焦虑情绪，同时注意力关注于这种焦虑情绪，感觉反而更加明显，入睡也成了困难的事情。

如何才能解决这种困境呢？顺其自然，为所当为。具体来说就是当焦虑的情绪出现而造成入睡困难的时候，接受这种症状不予抵抗，即使一夜未眠也带着正常的状态从事正常的学习和工作，不把心理和躯体因失眠而产生的症状当成什么了不起的事情加以注意，不去对抗这种心理和生理的不适，忍受痛苦，把注意力集中到行动上，努力做好应做之事。顺其自然，为所当为的治疗原则就是打破精神交互作用，消除思想矛盾，按照事物本来的规律办事，任凭症状的存在。

其实这个思想与中国的道家思想中的"无为"在本质上是一样的。老子认为道的自然本性是"人法地，地法天，天法道，道法自然"。"道常无为而无不为"，"自然"，是道的存在状态，这种存在状态是毫无勉强、不受外在约束的自由自在的状态，即自己如此的状态。"无为"是道的主体态度，这种主体态度是不强做妄为，顺其自然的态度。老子所说的无为，并不是什么也不干，而是一种在更高层次上的顺其自然的行为。

八种食物有效缓解失眠

提到能够缓解失眠的食物，你一定不会感到陌生，随口就可以举出好几个例子，比如睡前喝牛奶，但是你很有可能不知道为什么牛奶这样的食物能够促进睡眠，下面我们一起来看看常见的能够促进睡眠的食物有哪些，以及为什么它们可以缓解失眠。另外值得提醒大家的是，单一的食物对治疗失眠的效果不是很明显，建议大家可以多种食物一起食用，但是要注意食物的搭配和适量。

（1）牛奶

牛奶中含有色氨酸和类鸦片肽，前者能促进大脑神经细胞分泌出使人昏昏欲睡的神经递质——五羟色胺；后者对生理功能具有调节作用，可以和中枢神经结合，发挥类似鸦片的麻醉、镇痛作用，让人感到全身舒适，有利于解除疲劳并促进入睡。对于由体虚而导致神经衰弱的人，牛奶的安眠作用更为明显。

（2）小米

同样，小米也含有丰富的色氨酸，有助于睡眠。另外，小米含有大量淀粉，容易让人产生饱腹感。我们在吃饱了的时候很容易犯困，这是因为饱腹感可以促进胰岛素的分泌，提高进入脑内的色氨酸数量，从而促进睡眠。

（3）核桃

我们知道核桃可以补脑，其实核桃有很多功能，其中之一就是改善睡眠质量，因为核桃中含有丰富的磷脂，能够很好地滋养大脑，从而促进睡眠。此外，加黑芝麻一起食用，效果更明显。

（4）葵花子

葵花子含多种氨基酸和维生素，可调节新陈代谢，改善脑细胞机能，起到镇静安神的作用。晚餐后吃一些葵花子，还可以促进消化液分泌，有利于消食化滞，帮助睡眠，但是不宜多吃。

（5）大枣

大枣中含有丰富的蛋白质、维生素C、钙等营养成分，有补脾安神的作用。晚饭后用大枣煮汤喝，能加快入睡时间。

（6）蜂蜜

中医认为，蜂蜜有补中益气、安五脏、和百药的功效，要想睡得好，临睡前喝一杯蜂蜜水可以起到一定的作用。

（7）醋

醋中含有多种氨基酸和有机酸，消除疲劳的作用非常明显，也可以帮助睡眠。

（8）全麦面包

全麦面包中含有丰富的维生素B，它具有维持神经系统健康、消除烦躁、促进睡眠的作用。

其他缓解失眠的方法

（1）热水浴（如薰衣草浴、牛奶浴等）

每天晚上洗澡的时候可以洗个热水澡（水温要比你平常洗澡时还要热些），尽量洗20分钟左右，这样有助于舒缓你的疲劳或压力。为什么热水浴可以促进睡眠呢？因为洗澡可以使身心放松，血液循环改善。人们通常在忙碌一天后，洗个热水澡可以解乏，并且因为入睡前两三个小时洗个热水浴能将体温升高，等你的睡觉时间到来时，你的体温也就降了下来。这时你会感到凉快、困乏、身心放松，需要睡眠。

（2）专注法——想象力丰富的人适用

入睡慢或失眠的人在睡前总有一个期望或担心，期望自己快点睡着，担心自己又失眠。其实这都是不良暗示，无异于反复对自己说："我还没睡着。"

具体的做法是：针对这种情况，不妨让自己在睡前的这段难熬时刻，做这样一件事情——专注地让脑子去想一个问题。这个问题可以是构思给某人写一封长信，也可以是编造一个长长的故事，或者想象自己在一个喜欢的环境里散步，捕捉你在此境中的听、嗅、触、味、视觉感受等等。只要注意力变得集中而狭窄，就可以进入催眠状态，人就有可能睡着了。如果你在这个过程中不知不觉地睡着了，第二天便可继续你前一天未完成的想象。

一句话概括：先做梦，再睡觉。

（3）减少摄入咖啡因

大家平日里会喝喝咖啡提提神，不爱喝咖啡的就喝喝茶提神，自然也知道这些饮品中含有咖啡因可以提神醒脑。其实除了咖啡、茶之外，碳酸饮料及用来缓解头痛、伤风及鼻塞的药物中也含有咖啡因。减少咖啡因的摄入除了可以缓解你的失眠症状，也是为了你肚子里的宝宝着想。

（4）避免吸烟

香烟中的尼古丁会削弱入睡的念头，让人越发精神。也许你没有抽烟的习惯，但是你的家人很可能会有这种习惯。不仅是为了你自己着想，其实也是为了家人和肚子里的宝宝着想，善意地提醒他尽量少抽烟，即使没法忍受烟瘾也不要在你的旁边吸烟，二手烟对身体的伤害更严重。

（5）不要喝酒

首先，你是一个孕妈妈，当然要控制酒精的摄入。当然，有的人以为这样可以帮助睡眠，其实不然，睡前喝红酒会让人更难入睡。很多人认为喝酒有助于睡眠，是因为喝酒之后，我们会有晕乎的感觉，也会感到疲倦。确实，因为眩晕感和疲惫感，酒精最初可以诱导睡眠，但是之后是频繁的觉醒和睡眠的断断续续，实际上却是干扰睡眠。到了下半夜，酒精的作用逐渐消失之后，就会引起失眠多梦，使睡眠质量下降。所以睡前饮酒并不能改善睡眠，反而会使得睡眠变得更浅了，断断续续，不利于睡眠。

因为酒是一种亲神经物质，主要成分是乙醇，通过饮酒进入人体的乙醇不能被消化吸收，所以会随着血液进入大脑，在大脑中，乙醇会破坏神经元细胞，刺激大脑，使神经细胞长期处于兴奋状态。而人之所以能够进入睡眠主要是大脑细胞进入抑制状态，所以这么看，喝酒是会影响睡眠，造成失眠的。

（6）多做运动

运动不仅可以帮助你的身体补充氧气，还可以使疲倦的身体得到放松，改善睡眠质量，晚上睡得更好，但是注意不要在睡前两个小时进行运动，因为这样会使你的身体兴奋，而导致更加睡不着。

（7）白天少睡

即使小憩，最好别超过30分钟。大家应该有因为白天睡得太多，导致晚上睡不着的经历。同时白天的补觉其实并不会补回你熬夜的睡眠，午休只是缓解身体的疲劳。

第四章 易怒——变成了暴躁的小狮子

女人如何在男权
文化下修炼成精

我怎么无法控制自己的情绪？

"你原本是个那么通情达理的人，怎么一怀孕就变得小心眼，还动不动就发脾气呢？"这句话听起来是不是很耳熟，是不是最近经常有人在你耳边说类似的话？不管是深爱着自己的丈夫，还是把自己捧在手掌心的父母，或者是最要好的闺蜜都有可能对你说过这样的话。你是不是开始准备反省自己最近的表现了？你突然发现自己确实如他们说的，一向通情达理的自己突然变得斤斤计较了。也许仅仅只是因为丈夫下班晚回了几分钟，你就会对他大发雷霆；也许仅仅只是因为朋友随意地跟你说了句玩笑话，你就已经暴跳如雷了；又或者因为母亲做了一顿不合你胃口的饭菜，你就一直唠叨个不停。可是你明明知道自己这样做是不对的，明明不愿意朝他们发脾气，可是你怎么也无法控制自己的情绪，甚至在不知不觉中对他们发了火。

情绪变化：暴躁

现在的自己变得越来越没有耐心了，即使是为了芝麻大点的小事，也会气得暴跳如雷。每次发火都觉得自己无法控制自己。

每次回想起这些的时候，你是不是感觉有些后悔和内疚？但是之后再遇到同样的情况时，你却又忍不住朝他们发脾气。你也许有些担忧了，自己到底是怎么了？放轻松，并不是只有你一个人变得如此情绪化，也不是只有你一个人面对这令人苦恼的境地。要记住无论什么时候，我们都是在同一个战线上一起面对着这些出现在孕期里的"磨人的小妖精"。其实大多数孕妈妈都听到过类似的抱怨，也会发现自己确实开始变得小心眼了。大家都会同样疑惑：这到底是怎么了？

都是激素惹的祸

孕期情绪变化，都是激素惹的祸。那些暴躁无常的激素刺激着孕妈妈们的心理和生理。易怒是妊娠期最常见的情绪变化之一。随着妊娠的进展，孕妇体内分泌雌激素、孕激素、甲状腺激素等的水平亦逐渐增加，从而引起与经前紧张综合征相似的症状，如焦虑、抑郁、情绪不稳定等。

又因为怀孕的你很容易将精神全部集中在怀孕时的身心的种种变化之上，因此，一有风吹草动，往往会因为神经过于紧绷而容易出现焦躁、易怒的情绪。我相信你一定有过这样的体验，在我们疲惫或者不舒服的时候常常会对一些小事情异常敏感，并常常拿着这些小事来出气。而在孕期的你是极易感到疲惫或者不舒服的，所以这时候，什么样的生活琐事都有可能被你拿来借题发挥。对周围环境提高戒备、清除令你感到不安的东西以获得一个更宁静的怀孕环境，这是一种本能的、很正常的反应。

激素水平的变化是孕妈妈情绪波动的内因，而外界因素引起的负性心理反应则是触发情绪波动的外因。你会发现自己怀孕时的心理状况往往是既高兴又担心，你会担心自己的身体状况是不是能够保证胎儿正常发育，胎儿是否健康，是男孩是女孩等，尤其是生育年龄较大的孕妈妈，更容易产生紧张害怕情绪。此外，丈夫、公婆对生男生女的看法，以及生活压力、人际关系等，都会对孕妈妈造成一定的心理影响，从而导致孕妈妈的情绪极易波动。

我们都知道宝宝和孕妈妈是两位一体的，也就是说母亲的情绪变化，肚子里的宝宝是能够清楚地感受到的。当然，孕妈妈的情绪是不会越过胎盘，但是激素却可以。孕妇情绪的波动可通过内分泌系统的变化影响胎儿。有研究表明，当母亲感到压力时，会产生应激激素，称之为儿茶酚胺，这种情绪会慢慢地影响胎儿的情感。

当然，孕期短暂的、轻度的情绪波动并不会对胎儿产生什么危害，但是严重的刺激或者其他原因导致的神经过度紧张或者情绪较大的波动，比如愤怒，可以影响大脑和下丘脑的功能，引起去甲肾上腺素分泌增多。去甲肾上腺素有收缩血管的作用，对于孕妈妈来说，周围血管收缩性增强，可能导致胎盘供血不足，引起胎儿宫内缺血、缺氧等；另一方面，去甲肾上腺素还可能促进子宫平滑肌收缩，使胎儿血液循环进一步受阻，甚至引起流产或早产。

此外，若是孕妈妈长期处于焦虑不安的状态，胎儿的胎动会增多，随着胎动的增多，胎儿体力的消耗也会增加。这可能导致胎儿出生后的体重会较一般新生儿轻，也可能导致胎儿的消化系统异常。有研究资料表明，妊娠期情绪波动较大的孕妈妈，其胎儿出生后性格异常的发生率也会增高。

因此，有专家认为妊娠期间无论碰上多么委屈的事情，孕妈妈都不能愤怒。愤怒不仅影响自己的心理健康，还会影响胎儿的身心健康，甚至导致更为严重的后果，比如流产或者出血等。所以孕妈妈必须学会用理智来控制愤怒的情绪。可是很多时候，理智是抑制不了冲动的，那么如何去抑制这种似乎无法控制的愤怒？我们不是在愤怒的时候去控制，而是应该减少愤怒。从环境上来说，是去创造一个舒心的环境；从心理上来说，应该培养积极的心态。

我们尽量让自己生活的环境变得安静，减少不必要的打扰。看事情的时候，要针对问题，对事情进行辩证分析，不要只看到不利的一面，也要看到有利的一面。既要宁静淡泊，又要乐观处事。用幽默处理愤怒，幽默是情绪改善剂，它可以使烦恼化为欢畅，痛苦变为快乐，尴尬转为融洽。同时，妙趣横生的语言无疑对胎儿是一种潜移默化的滋润。尽量在短时间内使自己的情绪得到缓解和松弛，时刻想到胎儿需要母亲的欢乐情绪及良好的精神状态。

当然很多时候，我们很难从这两方面来预防愤怒情绪的产生，因为外部的环境是不能为我们所掌控的，所以在面对愤怒这个不良情绪的时候，我们应该还有另一种准备，那就是掌握缓解愤怒的方法。

愤怒的生理机制

1. 愤怒的脑中枢机制——杏仁核

我们知道心理其实是大脑的产物，而情绪是构成心理的一部分，当然也由大脑掌控。大家或许听说过某个人因为大脑损伤而性情大变，其实这也从另一面证明了情绪是由大脑控制的。大脑是人类最为复杂的器官，正因为如此，大脑的功能一直都是科学研究关注的焦点。大脑不同的部位掌控着人们不同的心理和行为，其中杏仁核是产生情绪、识别情绪和调节情绪的脑中枢机制。研究发现，刺激杏仁核的不同部位，会产生不同的情绪反应。刺激杏仁核首端会引起逃避和恐惧的情绪，会出现肌肉紧张、身体震颤、心跳加速等；而刺激其末端会引起防御和攻击反应，会出现瞳孔扩大、汗毛竖立、尖叫等情绪表现，这些都表明了杏仁核是控制愤怒情绪的重要脑中枢机制。

英国剑桥大学机构的研究人员认为，神经细胞需借助血清素传递信息，人体通常用食物中的色氨酸来合成血清素，从而影响情绪的反应。研究发现，血清素的含量对大脑的愤怒反应有极大的影响，血清素水平越低愤怒情绪越难被抑制，原因是血清素的含量影响了大脑中额叶和杏仁核之间的信号联系，含量越低，这种联系越少，所以血清素在负责理智和愤怒的大脑部位之间充当信使的机制。这个研究表明了我们其实是可以通过食物来摄取色氨酸从而增加血清素的水平，进而增加大脑的额叶和杏仁核的联系，从而抑制愤怒情绪。

2. 愤怒与分泌系统

激素水平同样会影响情绪。大家知道处于更年期的妇女常常会心烦胸闷，其实这就是激素水平变化对情绪影响最为常见的一个例子。另外，大家也常常会在新闻上看到运动员服用兴奋剂来提高自己的比赛成绩，其实这也是通过改变激素水平来影响人类的生理表现，当然这种行为不仅违反了道德规范，同时对运动员自身也是有极大伤害的。

人体的腺体分为外分泌腺和内分泌腺。外分泌腺主要包括唾液腺、汗腺、皮脂腺等，而内分泌腺主要是分泌激素来影响人体的身心变化，包括甲状腺、肾上腺等，而不同的情绪状态会引起内外腺体的变化，从而影响激素分泌量的变化。比如紧张的时候，我们额头或者手心会冒汗，不开心的时候食欲会减少，这是因为情绪抑制消化腺的活动和肠胃的蠕动。

内外腺体的变化会影响激素的分泌，肾上腺素是最为常见的一种激素。我们在面对重大事件时，会产生紧张情绪，常常增强肾上腺的活动，促进肾上腺的分泌，从而引起血糖提高，引起一系列的机体变化，比如呼吸急促、血压、血糖升高，血管舒张、容易发怒等。

情绪从哪里来？

1. 我的情绪我做主

大家看到这个小标题时一定感到很奇怪，明明就是控制不了啊，怎么可能是我的情绪我做主呢？那现在大家想一想，当你在报纸上看到一条新闻，上面说某某身患重病、无钱治疗，此时你会有什么样的情绪？同情怜悯？甚至因为见多了这样的报道，可能会很平静？但是如果这个人是你认识的人，你会有什么样的情绪？担忧伤心？那么你仔细想想，为什么同样的事情只是因为换了主人公，你的感受就会发生这么大的变化？

这是因为，情绪是通过对刺激事件的评价而产生的。我们是通过对当前事件的认知来决定我们的反应，换句话说，是不是我们的情绪由我们做主呢？在我们生活中，不同的事物对我们的意义不同，我们会根据不同的意义来选择对事物的反应，有的会被重视，有的会被忽略，从而产生不同的情绪。认知学者认为，知觉和认知是刺激事件和情绪反应之间必不可少的中介物。

我们继续用上面的例子来解释合适的行为，如果生病的人是你的亲人，你会一直在他的身边照顾他，直到他完全康复。如果只是同事，你会抽空去看望他，若是陌生人，你可能只会在听到这件事的时候感叹一下，表达自己的同情。

愤怒是一种破坏性的情绪，很多时候我们在愤怒的情况下会做出让自己后悔的事情，比如摔东西、伤害了最亲的人的感情等等，这些可能导致情感上、身体上和经济上都有损失。那么愤怒的实质是什么呢？是恐惧，是害怕无法控制局面，或者是自我受到了威胁。以"路怒症"为例，我们偶尔在开车的过程中遇到抢道的司机，但是大多数时候，我们选择了避让，尽管内心十分恼火，但是不会跟这个陌生人纠缠。但同时，我们也看到有些人就是火冒三丈，非要冲上去"教育"一下对方怎样开车，于是情况越来越严重。而这些喜欢"理论"的人有一个相同的特点，就是喜欢控制周围的人和事。

因此，如果我们改变想法，不要总想控制别人，以及控制自己控制不了的东西，那么愤怒就会大大减少。帮助愤怒的人，就要让他们意识到自己错误的想法，目标是消除或减少怒气。

现在，我们来设想一个情景：现在已经是晚上十点，平时的这个时候，你的丈夫都是在家里陪你的。可是今天很奇怪，他不仅到现在还没有回家，竟然连个电话也没有打回来。你开始胡思乱想了，难道是出了什么事？你开始打他的电话，可是竟没有人接，你有些烦躁了，决定不管他了。过了一会儿，你丈夫开门进来了，满身的酒气。你的情绪彻底爆发了。你很可能会朝着自己的丈夫大吼："你一点都不关心我，我这么辛苦地怀着孩子，你竟然还在外面花天酒地。"

我们来看看这个情景中你对丈夫晚归的这个刺激事件的认知评价，也许你认为他晚归的根本原因是他不关心你。不过这个原因看起来很合理，但是这却不是真正的原因。你现在可以回想一下，每次当你打电话给你丈夫，而他却因为各种原因没有接到电话的时候，你自己的心情是不是好像失去了对他的掌控，不知道他的行踪，让你有些不安和恐慌，进而变为愤怒？就像上面我们说到的情景一样，也许你和你的丈夫约定好了八点前就会回家的，可是他竟然晚回了，你是不是失去了对他这段没有回家的时间的控制，也不知道他在这段时间里做了什么，感到不安和愤怒？

如果我们现在对这个事件换个看法，自己的丈夫也有自己的工作，有自己的事情，晚归可能是为了工作的应酬，为了整个家庭的生计，此刻你的心情会是什么样的？是不是不会那么生气了，反而有些理解他，心疼他了。可是这样的认知很多时候是在我们情绪爆发之后，才会有的反省。所以从现在开始，在你想发脾气的时候，首先停顿几秒，换个角度思考一下，也许就会有不一样的结果了。或许一开始你会觉得很难，但是慢慢地你就会适应了，毕竟思维习惯的形成是一个漫长的过程。

也许你依然会有疑惑，既然认知能够控制愤怒，为什么有时候自己还是控制不了呢？接下来的另一个心理学理论会告诉你原因。

2. 我们天生就会愤怒

也有心理学家认为，愤怒是人类固有的本能，是不可能被消除的。愤怒是在觉察到威胁或者侵犯后的反应。如果能够顶住挑衅，怒火会令我们强烈地分泌肾上腺素，变得更强大，否则我们被吓倒，只好偷偷溜走。从这里可以看出来，愤怒其实是为了维持人的生存，也就是以生的本能为动力，为了生存下去，我们要消除身边的威胁和侵犯，若是力量不够强大，我们就会选择逃走。

在妊娠期的你，可能会因为身体里孕育着新的生命而发现自己身体的体能在下降，远远不如从前，但同时你作为准妈妈的角色又要求承担起保护自己肚子里的宝宝的责任。这种生理和心理上的矛盾和冲突，会让你对周围的环境更加敏感和警惕，只要有一点风吹草动都有可能引起你的情绪发生巨大的变化。可以说这是一种天性，也就是一种保护后代的本能。比如，今天的饭菜不是很合胃口，导致你只吃了一点甚至有可能一口没吃。要是平时你可能会觉得没什么，一顿不吃也不饿死，也就唠叨几句就过去了，可是现在的你却为这么件小事在那唠叨个不停，那是因为食物是维持我们生存下去的最基本的需求，食欲是我们的一种本能，而且现在的你摄取食物不仅是为了自己的生存，更重要的是肚子里的新生命。也许你并没有意识到这些，但是你的行动却证明了对于此刻的你来说，食物是多么的重要，其实这就是本能的力量。

这样看来，尽管愤怒是破坏性的情绪，愤怒使人失去理智、失去效率，甚至导致悲剧，常常会带来许多负面的影响。可是，很多时候，心里出现的愤怒其实是一种信号，警示自己：别人的要求是不合理的，没有尊重我们的基本需要、权利和界限。如果缺乏愤怒的信号，你就容易被别人利用，就容易成为受害者，例如没完没了的无偿加班，不能拒绝不情愿的请求等。而且，在有意控制之下的愤怒往往能强有力地表达自己抗争的声音，例如当孩子闹得很凶，家长克制怒火，提高嗓门抗议，便能赢得孩子的注意。

愤怒的背后除了恐惧，还可以是沮丧、失望等。例如，有人向你提出不合理的要求，你会朝他发火来表达你的不满，这时候的愤怒显然就不是恐惧造成的了。还有很多情况，愤怒是受到伤害的结果，例如，你最要好的朋友误解了你，你会异常愤怒，其实愤怒是为了缓解你一时无法承受的失望与痛苦。你对你的朋友感到极其失望，曾经以为他是在这个世界上最理解你的人却没有跟你站在同一条战线上，反而还误会了你。此外，罪恶感和羞耻感也可能躲藏在愤怒的背后。你可以仔细想想在你愤怒的时候，除了愤怒是不是还夹杂着其他的什么情绪？比如丈夫晚归、母亲做的饭菜不合胃口等等，你是不是还有些失望，失望的是他们竟然不能够体谅一下你的感受，不能多关心一下你。

音乐膳食

肖邦可以抚平暴戾——《雨滴》

说到肖邦,你一定不会感到陌生。即便你没有听到音乐家肖邦的乐曲,但是我想你极有可能听过周杰伦的专辑《十月的肖邦》。这两个人似乎看起来应该没有什么联系才对,一个是古典音乐家,一个是流行音乐人。但是这版专辑的名字却将两个人联系在了一起。

我们先来谈谈你比较熟悉的周杰伦吧。在这首专辑之前,周杰伦虽有一些中国风的歌曲,但依然是以嘻哈流行曲风为主。也许习惯了他之前的嘻哈曲风,你对这张专辑的中国风有一种耳目一新的感觉。你一定好奇周杰伦怎么会如此擅长中国风的音乐,其实周杰伦是学习古典音乐的,而肖邦一直是他非常欣赏的音乐家。如果你听过肖邦的音乐,你会发现他的音乐充满了诗意,营造出一幅幅诗境般的画面。正因为如此,肖邦才会有"钢琴诗人"之称。而周杰伦这张专辑,恰巧每首歌的歌名均极富诗意,如诗般具有画面的音乐作品,散发出浓厚的文学气息,让人联想到"钢琴诗人"肖邦,或许也算是周杰伦对心目中的偶像的一种致敬吧。那么,现在简单了解一下"钢琴诗人"肖邦吧。

"生于华沙,灵魂属于波兰,才华属于世界。"这是世人对肖邦的评价,对于这样的评价,特别是最后的部分,只有在今天,肖邦的音乐所引起的世界人民的广大兴趣,才真正让我们意识到是多么贴切。

弗里德里克·肖邦，1810年出生于波兰华沙，19世纪波兰著名作曲家、钢琴家。当肖邦6岁的时候就已经显示出了非凡的音乐天分，年纪不到7岁就开始创作，创作出第一首作品B大调和g小调波兰舞曲；8岁那年首次登台演出，是在RADZIWI家庭宫殿中举行的慈善音乐会；从12岁到19岁在华沙国家音乐高等学校学习作曲和音乐理论；19岁起，以作曲家和钢琴家的身份在欧洲巡演，后因华沙起义失败而定居巴黎，从事教学和创作。从此肖邦再未踏入自己国土。直到1849年，弗里德里克·肖邦因肺结核逝世于法国巴黎。这么耀眼的生平，他如一颗璀璨的明珠，高高地挂在天上，无人能及。可是这样的天才，却英年早逝，却客死他乡。正是因为背井离乡和身患疾病的经历，让他的大部分音乐都隐藏着幽怨，但是却又充满希望。

今天我们要一起欣赏的曲子是肖邦所创作的二十四首前奏曲中最流行的一首——《雨滴》。二十四首前奏曲对整个浪漫主义音乐产生了重要的影响。肖邦的前奏曲虽然篇幅短小，但形象鲜明、含意深刻。虽然每一首前奏的标题都是被后人添上的，有些也会牵强附会，但是也有些却是有几分道理的。《雨滴》这首前奏始终反复着一个单音，并伴随着单调的节奏，的确有雨水滴答之感，因此而得名。当然除此之外，也因为这首前奏曲的创作的一段有趣的传闻。

1938年，一直活跃在巴黎乐坛的肖邦，因为肺结核病情恶化，经由女友乔治·桑的安排，不远万里来到四季如春的地中海马尔岛养病。但是因为肖邦的病以及其他的某些原因，导致他们在租房问题上出现了困难，最后在乔治·桑的努力下，他们勉强借住到山中的一座古老的寺院。但是因为寺院年久失修，又常年没有居住，条件极为简陋，甚至一到下雨的时候，屋子里还会出现漏雨的情况。因为寺院比较偏僻，十分不方便。有一天，乔治·桑上街买东西，恰巧下了大雨，迟迟不能回来。肖邦躺在家里即寂寞又惧怕。正在这时候，房间又开始漏雨，滴滴答答的声音不断地传入他的耳朵。他突然有了灵感，从床上爬了起来，一口气完成了这首著名的前奏曲。

在这首前奏曲中，形象化地使用了一个固定的单音，它以单调的节奏来对有节奏的雨滴声进行描绘，看似比较单一，其实曲子本身还是有许多细腻的变化的。

乐曲的一开始以歌唱性的旋律伴着悠悠自如的"雨滴"声，十分抒情。仿佛是从朦胧的雨中传来的田园牧歌，雨水从树叶上，从花瓣上，从屋檐上，一滴一滴地落在地上，滴滴答答作响，仿佛雨声就在耳边。这段"牧歌"的情绪看似没有变化，但是你认真听，就会发现其实乐曲里的情绪是微微地起伏变化的。一开始是醉心于大自然里的宁静悠闲，慢慢地变得有些激动，好像是作曲者对大自然发出的感叹声，中间的这部分给人的感觉很奇特，它似乎要把你引入某个神秘的境界。低声部缓缓行进的旋律伴随着单调而神奇的"雨滴"音型，显得十分深沉、威严。有人把这段音乐看作是一幅富有浪漫气息的图画：夜间，一列人在庄严而阴郁的众赞歌中神秘地缓步而行。

中间部分的音乐形象也不是一成不变的，在庄严的众赞歌中，夹杂着各种情绪变化。第一个对比的形象，是出现在十二小节的众赞歌以后，低声部的八度双音，在五度的跳进中起伏，加上很强的力度，使这一部分的音乐形象显得十分强烈、鲜明。中间部分的第二个对比形象，是在它的末尾。这是一段十分抒情的音乐，优美的旋律和歌唱性的低音线条综合在中声部隐约可见的"雨滴"声中，显得十分宁静。

前奏曲的再现部分比较简练，它只再现了一个乐句。但它的尾声比较完整，并且意味深长：音乐渐渐远去，"雨滴"声慢慢消失，留给人们的是无比丰富的想象。整首乐曲十分抒情，歌唱性的旋律伴随着清纯的雨滴声，仿佛是雨夜里飘荡的无言歌，充满浪漫气息。

你是不是有些迫不及待了，很想见识见识这首神奇的乐曲。看看这首单一中又透着诸多变化的乐曲是如何编排的，是不是真的如我所说的那样奇妙。那还等什么，现在我们就一起来感受一下它吧，让我们身体里愤怒的情绪跟随着雨点流入大地，离开我们的身体，让我们重新获得理智，获得快乐。

现在，我们要介绍一个新的方法——音乐排毒，听到这个名字的时候，你一定会感到奇怪：我听说过很多排毒的方法，比如喝水排毒、按摩排毒、运动排毒等等，但是好像从来没有听说过什么音乐排毒。音乐能够排毒，还是头一次听到呢！但是提到"观想"，你一定不会陌生，在前面的章节里我们简单地介绍过。也许你已经忘记了，或者根本就没有注意到，这也没关系，我们先在不知道一切的情况下，来感受感受音乐排毒的奥妙，然后再去了解什么是音乐排毒，说不定你会有更深的领悟哦！现在我们就一起来体会吧，请跟着我的指导语哦！

我们一起来想象这么一个情景，那就是下雨的时候。看到这里，你突然就明白了为什么我会选《雨滴》这首曲子，也知道今天我们观想的对象是雨滴，聪明如你。不知道你喜不喜欢雨滴落下来的声音，我个人是很喜欢听雨声的。每次我一个人坐在窗户边听着外面雨点打在玻璃上的时候，就会觉得整个世界都安静了下来，即使再浮躁的心都会变得平静。即便你没有这样的体会，我相信你在接下来的观想中，会有新的感受。

现在我们想象雨滴从头顶落下来的情景，当然如果你想让这个情景更加真实，你可以在洗澡的时候进行雨滴的观想，我想这个效果会更好。好，我们开始了，将注意力集中在从空中落下的雨点哦！

想象自己置身于茂密的森林中，雨水从空中落了下来，一滴一滴地落在你的头顶，微凉微凉的，一滴又一滴，慢慢地汇聚成一小股细流，如同一股清泉，一捧甘露。它缓缓地滑落你的后脑勺，现在你感觉头皮没有那么紧绷了，头皮的毛孔都张开了，整个头皮都轻松了许多，长久以来的头部的不适感渐渐地消失了，仿佛随着雨滴的滑落，流出了身体。甚至连头脑里的烦恼也随着雨滴的冲刷而消失得一干二净了，此刻的你觉得前所未有的舒适。

雨滴继续向下滑落，绕过你的脖子，缓缓地流过你的胸腔，轻轻地抚摸着你身上的肌肤，身体的毛孔也缓缓地张开了，就如同春天里盛开的花朵，接受着这圣洁的雨水的抚摸。你仿佛看见，每朵花的花瓣，一瓣一瓣地张开了，露出黄色的花蕊，仿佛是伸开的双手，迎着这雨露。你深深地吸了口气，空气里的湿气携着这股清香一起进入了你的肺腑，你感觉自己的整个胸腔都打开了，一直憋闷在胸口的那一口气，随着毛孔的呼吸，缓缓地呼出了身体，愤怒的情绪也随着这雨滴的滑落流出了身体，现在的你觉得心情愉快了一些，背部一直紧绷的肌肉也没有那么僵硬了，松弛了下来。雨水继续滑落，流经你柔软的肚子，在你的肚皮上轻轻地划过，仿佛是天边的一颗流星。雨滴继续向下滑落，经过你的大腿，流经你的小腿，慢慢地流向你的脚底，然后从脚底一直渗到大地。所有不好的情绪，所有不好的东西随着雨滴不断从你的头顶滑落到脚底，最后渗入到大地，直到所有的愤怒情绪全部被带走。

我们对雨滴的观想就到这里了，当然你也可以观想各种事物，比如你在喝水的时候，可以想象这些东西对自己身体是有益的，很干净的东西进入了自己的身体；或者你在排泄的时候，想象自己身体里的毒素随着自己的排泄物排泄出去了；你还可以在洗澡的时候，观想当水从你的头顶流到你的脚底的时候，这是非常洁净的甘露：它从我的头顶流下来，一直流到脚下，把自己身上的各种污垢全部洗干净，把自己身体里不好的情绪和感受都带出了体外。

如何使用音乐缓解缓解愤怒

刚刚我们一起体验了一下音乐排毒，你是不是联想到了什么，即使你没有心理学背景，但是一定听到过"自我催眠"或者"自我暗示"之类的心理学词汇。对，我们确实将自我催眠和音乐调适结合在了一起，从而产生了音乐排毒这一方法。我们在前面已经说过音乐确实是能够治疗我们的身心的，有些特有的音乐旋律与节奏能使我们的血压降低，呼吸的速率降低，使人在受到压力时所产生的生理反应较为温和。那么音乐除了从生理上缓解我们所感受到的压力，结合心理学里的"自我催眠"，也就是刚刚上一节所讲到的音乐排毒，可以将我们身心的毒素排出体外，让我们变得更加健康。下面我们来介绍一些关于音乐排毒以及自我催眠的知识。

现在我们就一起来了解一下什么是音乐排毒吧。首先我们要弄清楚毒素是什么，所谓的毒素就是对人体造成危害的物质。我们所处的生活环境，使我们随时随地都有可能接触到毒素。喝的水、吃的食物、呼吸的空气都是毒素，甚至连我们自身都有可能产生毒素。当然，我们自身正常的新陈代谢会将我们身体里的毒素排出体外，但是那些无形的"毒素"，比如不好的情绪，我们该怎么将它排出体外呢？这就是音乐排毒的奇妙所在，它除了可以帮助你排出身体有形的、看得见的毒素，也可以帮助你排出身体里无形的、看不见的毒素。

当然，为了帮助你更好地理解什么是音乐排毒，你也完全可以把它与你所熟悉的饮水排毒联系起来，其实它们在功效上是一样的，只是我们运用的方法不同罢了。提到"排毒"，我们很容易就能理解，就是将身体里的毒素排出体外，让身体保持健康。就好像饮水排毒，需要借助水的力量，让水清洗我们的肠胃，帮助我们清理宿便。那音乐排毒，我们应该借助什么力量呢？聪明的你一定会回答说当然是音乐了。是的，是音乐，但是你只答对了一半，音乐排毒还要借助你自身的力量、精神的力量。

我们在音乐排毒里常会用到的一种方法——观想。其实"观想"这个词语来自佛法，主要是运用于佛家范围，观想略作想，即集中心念观想某一对象，也就是想一个办法，把自己的心念集中在一点上。为了更好地理解什么是观想，我们首先来看看佛教中的"日轮观"，看看如何来进行观想的，相信你很快就能够理解观想了。

什么是"日轮观"呢？请问今天早上起来，你有没有看到太阳？好吧，也许你这个人比较认真，因为今天是阴天，或者因为雾霾太厉害，你今天早上并没有看到太阳。但是你总是见过太阳的吧。那我一提到太阳，你脑海里是不是会有太阳的影子？有，对吧。那就定住这个境界，这就是观！因为每一个人都看过太阳。我一提太阳，你心中就有太阳。你意识中的太阳有了没有？有了，就定在这里，不增不减。这就是止，就是观。当然在这个过程中你还可以讲话，也会点头，可是，意识中的太阳影像还是有。此中有止也有观，观中也有止，止中也有观。但是，妄想有没有呢？有。妄想尽管飞来飞去，但是，你心中的太阳影像还在，不受影响，对不对？就这样定住。

说了这么多，也许你还是不大理解，但是不要紧，我相信你已经有所领悟了。

在以后的生活里，你可以去尝试观想身边各种事物，我相信你会越来越喜欢这种方法的。还有，我得补充一句，我们虽然借用佛法里的观想这个概念，但是我们这里的观想会有所不同，在音乐排毒里面，你除了要将精神集中在一个事物之上，还要跟随着事物的变化去感受自身的变化。最后一定要记住，这种方法并不适用于后面章节中抑郁的缓解，所以如果你有抑郁的情绪不要使用这个方法，我们会在后面一章给你介绍新的方法，期待着吧，或者你可以直接越过接下来的内容直奔下一章。

接下来，我们简单地了解一下自我催眠。自我催眠是利用自我意识和意象的能力，通过自己的思维资源，进行自我强化、自我教育和自我治疗。看到这么一堆专业名字的时候，你是不是有些茫然了。其实自我催眠并没有这个定义般难以理解。我相信我们都有过自我暗示的经历，虽然有时候不是那么有效果，有时甚至适得其反，但它们也算是一种自我催眠。还记不记得第一次上讲台，紧张得直哆嗦，你是不是告诉过自己："不要紧张，不要紧张，没什么大不了的！"甚至有人告诉你，你把下面的观众看成一棵棵不会动不会说话的大白菜就好了。是的，这就是一种自我暗示。

其实，我们每个人都是在暗示中成长的。小时候，我们更多地受到家长和老师暗示的影响，就拿我自己的经历来说吧，小时候，我不大喜欢看书，但是喜欢在书上涂涂画画，我自己还很得意地将这些画拿给我爸爸看，结果我爸爸说画的都是些什么，实在太难看，说我根本就没有画画的天赋。渐渐地，我也觉得自己好像确实没有画画的天赋，最后再也没有拿起过画笔。直到现在，我看到别人的作品都会羡慕得不得了，却始终不敢提起画笔。就是我爸爸的这么无心的一句话，就如同一个暗示，竟然在我身上发挥了几十年的作用。

虽然现在的我们，似乎能够更加清楚地认识自己，对自己做出种种自以为正确的评价，比如很多时候，当我们去到一个新的环境，遇到一个新的问题，我们总是会有很多担忧，觉得自己肯定做不好，其实这是在不由自主地进行自我暗示——我不行，这件事我做不好。这些负面的暗示作用很大程度上限制了我们潜力的发挥和能力的增长。自我催眠就是用来帮助大家进行积极的自我暗示，更好地实现人格成长与完善。

催眠暗示在人类的生活中具有很大的作用。当人在清醒的状态下暗示虽然也有作用，但在催眠状态下，暗示的内容进入潜意识领域更具有强大而持久的威力。在催眠状态下的暗示，不仅能够改变身体的感觉、意识和行为，而且还可以影响内脏器官的功能。

脑科学研究证明，大脑前额叶不仅与意识和思维等心理活动有关，而且前额叶与调节内脏器官活动的下丘脑之间也存在着紧密的纤维联系。这种结构上的联系可能是人类能主动利用意识和意象来调节和控制内脏生理功能的主要物质基础。

潜意识对调节和控制人体的呼吸、消化、血液循环、免疫反应、物质代谢以及各种反射和反应均起着很大作用。许多研究证明，在催眠状态下暗示身体处于不同状态，代谢率就出现相应的变化，如催眠暗示正在从事重体力劳动时，代谢率可上升25%，应用自体发生训练法进行自我催眠，使心身放松后，代谢率比平时的安静状态降低15～20%。

因此，在催眠状态下，根据强化的原则，自己不断地强化积极性的情感、良好的感觉以及正确的观念等，使其在意识和潜意识中印记、贮存和浓缩，在脑中占据优势，就可以通过心理、生理作用机制对心身状态和行为进行自我调节和控制。

实际上，自我催眠已在现实生活中被广泛应用，如祈祷、宗教仪式、印度瑜伽术、中国气功等。自我催眠暗示在人类的生活中具有很大作用，它可改变人类的感官意识，还具备影响人类内脏器官的功能。

Tips：其他小建议

呼吸训练

在你愤怒的时候，是不是感觉到自己的呼吸频率加快了，而且呼吸变浅了，有时候甚至会喘不过气来。这是因为你的身体内的激素处于高度水平，让你保持应激状态，应对你所要面对的威胁。而这种生理的反应同时也会作用你的心理感受，让你的情绪更加激烈。所以，我们首先从生理上来缓解你的愤怒吧，跟我一起来做呼吸训练吧。

先轻轻吸气，吸到腹部的位置，感觉腹部区域已充满气体。继续吸气，尽量将胸部吸满，扩张至最大限度。感觉气体从胸部区域下半部渐渐地充满至上半部。吸气时腹部慢慢鼓起，要深长而缓慢地吸气。吸气时用鼻子，越慢越好，嘴巴要闭紧了，肺部不动。全身要放松，肩膀不能抬，两手自然下垂，以站立或坐下练习比较好。为了确保吸气时吸到腹部，可用手按住肚脐下方一寸处，当空气自然进入肺尖时，你就应该会觉得手被推出一些。

呼气时，最大限度地向内收缩腹部，胸部保持不动。这时把气流从嘴里长长地呼出来，呼气的同时不要再吸气了。慢慢吐气，从胸部的位置开始放松，然后再放松腹部。最后用收缩腹部肌肉的方式结束呼气，确保已将肺部的空气完全排出。

做完一次呼吸训练后，你是不是觉得自己的心情平静了许多，而且感觉全身的肌肉没有那么紧张了？当然在做呼吸训练的时候也是可以配上音乐的，选择你喜欢的，可以让你心情愉悦的歌曲就好了。

转移注意力

大千世界无奇不有，新新事物层出不穷，好奇的我们往往被这样或者那样的新玩意儿给吸引，但是在生活中，我们常常被要求集中注意力，这样才能提高做事效率。但在一些特殊情况下，比如愤怒的时候，当你把注意力集中在令你愤怒的人或事物上的时候，这种愤怒的情绪会越演越烈。所以说过于集中的注意力会给人精神和身体带来很大负担，那么如何迅速转移注意力呢？

我们应该了解集中注意力时的状态。当你在做一件十分喜欢的事情，比如看电影，你会完全沉溺于主人公的爱恨情仇中，这时别人叫你或从你身边走过，你很可能听不到或者注意不到。这时就呈现出注意力完全集中于电影，无视身边现实这种状态，而迅速转移注意力就是要我们可以灵活操纵注意力的对象。

在一般生活中，注意力会影响大脑对一件事物的认知程度，也能影响你心里的接受能力。所以你先要锻炼一般性的接受能力。你需要找一个最普通的，平时根本不会注意的东西，比如墙角的交叉点、椅子腿等等，静下心来专心去看它，当你的注意力在看这些东西变得没有定向时，你就找到了转移注意力的一种方法，模糊注意力。

模糊注意力其实是一种心理放空状态，这种方法将注意力集中到了关注本身，所以外界的一切都暂时不存在了，类似于独善其身的意境。这种方法十分管用，但它会使你看起来茫然，所以最好在独处的时候进行。

还可以临时寻找新兴趣转移注意力，如果和别人交谈时你备感无聊，你可以只保留一丝注意力来对谈话做出反应，而将大部分注意力用于寻找这个人外貌、服饰、肢体活动等其他兴趣点。当然这样会显得很没有礼貌，所以还是少有较好。

还有很多情况下以上两种方法都不行，典型的例子就是亲人去世，这时使用前两种方法会加深和暂时蒙蔽注意力，都会对人身心造成很大伤害。

此时就应使用减压法，哭泣、睡觉、散步、肢体动作都可以缓解心理压力，情绪归于稳定后结合上述两种方法就可帮助你走出困境，重新将注意力回归生活。合理地转移注意力在生活中可以减少各种负面情绪的干扰，让生活更快乐。

食物有效舒缓情绪

如果你吃到难吃的东西时，很可能心情立刻就会变糟糕；但是也有人因为心情不好，暴饮暴食，看来食物好像真的能够影响人的心情。有的食物可以让人"暴走"，有的食物却能让人心情平静。

我们可能从未听过"食物波动"这个词，但是有研究表明有些食物确实有神奇的力量，能够打破我们的好心情，让你跌入深渊。也有研究表明，你突然改变行为，突然发怒，都有可能与你吃错了东西有关。

那么，我们来看看哪些食物成分会破坏我们美丽的心情。

首先是反式脂肪酸，也许大家并不了解这个专有名字，没关系，大家只要知道哪些食物中含有这种成分就可以了。反式脂肪酸在我们的食物中是极为常见的，比我们常常喝的牛奶、吃的牛羊肉等，但是其含量较少且是天然反式脂肪酸，对身体影响不大。而一些零食中富含反式脂肪酸，比如，饼干，快餐如炸薯条、炸鱼等，这些食物吃得越多，我们就会越生气！这是因为反式脂肪酸会搅扰一种坚持人体外部环境活泼—均衡的重要脂肪酸（omega-3s）推陈出新。而缺乏这种脂肪酸会导致明显的抑郁症状和反社会行为。已有研究表明攻击行为程度和反式脂肪酸摄入程度具有高度相关性。

但是我们同时也发现了一个怪圈，越是愤怒越是想食用垃圾食品来缓解愤怒，而越是食用这些垃圾食品越是让人感到愤怒。我们仿佛陷入了一个恶性循环，食物只能在吃的那一刻给我们带来快感，却会在吃完之后影响我们的身体，继而影响心情。

其次就是精加工碳水化合物和糖制品。随着科技的进步，我们的生活日益变得精致，其中当然也包括食物变得更加精致。有研究表明，精加工碳水化合物，特别是精加工的糖制品，除了会影响人们的身体健康，如癌症、心脏病等，还会让人感到抑郁、愤怒，甚至出现暴力行为。另外，我们日常喝的大部分饮品中都含有一种人造甜味剂——阿斯巴甜，阿斯巴甜的50%是苯丙氨酸，过多摄入苯丙氨酸会导致注意缺陷妨碍、多动症行为和心情妨碍等症状。

最后，高热量无养分的食物不仅不能提高我们人体所需要的营养，还有可能影响我们的心情和行为。针对监狱囚犯，牛津大学的学者测试了缺乏养分和人的行为之间的关系。他们发现，当给囚犯摄入足够的维生素，他们的攻击行为会变少。据研究人员说：养分缺乏与攻击行为倾向有很强的相关关系。

因此，如果你是一个易于发怒的人，不妨在日常生活中多吃一些富含色氨酸的食物，这个在刚才的章节里曾提到过，用这些食物增加大脑中血清素的含量。通常蛋白质含量较高的食物中都含有不少色氨酸，如大豆、鸡蛋和鸡肉等。还有一些含有维生素C和维生B的食物，比如橙子、芦笋、杏仁、青椒、黄瓜、西红柿、小白菜、鲜枣等等，当然，记住最重要的一条就是一定要吃自然食物。自然食物都是传统的食物，这表明应季的水果和蔬菜是最好的。另外，谷物最好，因为它拥有未加工的脂肪和油。而且最好采用传统的方式做饭，不要用机械加工或运用微波炉。自然食物的种植、加工和处置的方式都是沿用千年的。自然食物会让你身体的内环境坚持均衡，拥有生机，还能波动心情哦。

正确地表达愤怒

我们为什么会愤怒？是因为我们心里不高兴，是因为世界不公平，是因为我们的需求得不到满足，是因为我们遭受了挫折。无论是什么原因，无论如何处理愤怒，是当场爆发，还是保持沉默，愤怒都是坏情绪的警报器。坏情绪的警报一拉响，好像自己马上就失去了理智，然后一阵狂风暴雨之后，只会留下遍地伤痕。向他人发火伤害的不仅仅是他人，还有自己。心理学家艾耶·古罗·勒内说："我们必须要倾听自己的愤怒，因为它能帮助我们保持个性的完整。"

在工作中遇到不公，很多时候，我们隐忍，不表达自己的愤怒。于是，回到家，一遇到什么不满意的马上就爆发。心理学中有一个有趣的效应——"踢猫效应"，讲的是丈夫在公司挨了领导的骂，但是他不可能骂回去啊，于是只能忍着，回到家朝妻子发火；妻子很无辜啊，也是一肚子火，于是就朝儿子骂了几句；儿子莫名其妙挨了骂也很生气，可是他没处发火，只好朝家里的猫踢了一脚，来发泄自己的愤怒。这个故事生动地表明了人与人之间的泄愤连锁反应，同时也表明了不当地处理愤怒会影响人际关系。

我们如何正确处理愤怒呢？最重要的是要学会恰当地表达愤怒。一味隐忍可能会让愤怒更加强烈地爆发。如何正确表达愤怒，首先要能清楚愤怒背后的原因，弄清楚是自己的哪些需要没有得到满足。正确地表达愤怒，才能和他人建立和谐的人际关系。"怒火的背后总是隐藏着痛苦，"奥斯特认为，"但是不分青红皂白地乱发脾气也是愚蠢的。"学会把这种痛苦的能量发泄出来，才能让自己更加平静。当愤怒来临时，你不妨试试下面的"三步曲"：

（1）分散注意

其实我们都知道争吵并不能解决问题，而且只会让情况变得越来越糟，但是就是控制不了自己的脾气。也会在争吵之后后悔，但是下一次却依旧控制不住自己。我们都希望自己在愤怒来袭的时候能够保持冷静，但是这不是很容易。所以我们可以尝试一下，发火之前在心里默默数十下，看看是不是有些改变呢？又或者找个没人的地方大声喊叫，发泄一下等等；当然，也可以找好朋友倾诉一番。只有克制对刺激物的瞬间情绪反应，你才能进入下面更理性的环节。

（2）理清思绪

很多时候，我们在发火之后常常感到后悔，是因为我们觉得这些令自己火冒三丈的事情常常都是一些无足轻重的小事。那到底是什么让你如此生气？你可以问问自己，是因为你觉得自己受到了伤害，还是因为你的需求没有得到满足？他是故意伤害你的还是无心的？很多人肯定会在心里想，肯定是故意的。你需要再次问问自己，你真的没有弄错吗？是不是你多想了？就算是故意的，情况真的严重到你暴跳如雷吗？你发火的目的到底是什么呢……当你看到这些问题的时候一定觉得有些被绕晕了，即使在清醒的时候都没有想过这么多，何况是在怒气当头的时候,哪里有功夫想这些。但是,要想控制发怒,你需要尝试着回答这些疑问。只有这样,你才能知道接下来该做什么。

(3)表达不满

表达不满?谁不会啊,我们发火就是在表达心中的不满啊!是的,但是这种方式是在表达你的情绪,而不是表达你心中的感受。所以要控制自己的情绪,你才可以开始表达自己的感受。表达感受时要真诚,也不要降低自己的原则。心理学家托马斯·高登为我们推荐了一个方法:说出自己的感受,但是不能站在别人的立场。和对方说哪些行为让你感到不满:"当你……"说出自己的感受:"我觉得……"和对方分享你的期望:"我希望能这样,因为……"表达你现在的需要并说明原因:"我请你……是因为……"在表达不满的整个过程中一定要记住,我们的目的不仅仅是要表达自己的感受,更是要重新找到关系中的平衡。很多时候,我们总是急着表达自己的诉求,滔滔不绝,却不给对方解释或者回应的机会,这同样也不是正确的表达方式。我们需要的是沟通,是解决发怒背后存在的根本问题。"表达愤怒的好处远远不止是出了口恶气,"奥斯特说,"它的可贵之处是重建自己和自己、自己和别人的关系。"

第五章 抑郁——一场心灵的感冒

透视网络自杀者的内心世界

申 明

在开始本章内容之前,我首先要在这里做一个慎重的申明:本章所提到的抑郁是指抑郁情绪,而不是你在日常生活中所听到的抑郁症。抑郁情绪和抑郁症是有本质上的区别的,抑郁情绪是一种很常见的情感成分,是人们在遇到一些压力或者困难事件时在心理上产生的一些不适应的表现,比如情绪低落、苦恼、不安等。而抑郁症,是一种身心疾病,涉及到多种原因:遗传因素、体质因素、中枢神经介质的功能及代谢异常、精神因素等,它需要精神科医生进行专业治疗。所以千万要谨记:如果你发现自己或者亲人有抑郁症的倾向或者表现,请及时跟相关专业人士联系,请求他们的帮助,请不要轻视它,请千万要注意!

抑郁情绪还是抑郁症？

情绪和症状的区分

为了避免大家混淆了抑郁情绪和抑郁症，我们首先对它们进行一个区分，然后再介绍一下抑郁症症状以及诊断标准。希望通过我的介绍，你能够了解抑郁情绪与抑郁症的不同，并能够及时分辨出抑郁症，从而尽快获得专业人士的帮助。

在竞争日益激烈的当今社会，我们每个人几乎都在超负荷运转，学习、工作、生活的多重压力，让我们很轻易就陷入不同程度的抑郁情绪中。抑郁情绪是一种很常见的情感成分，也是一种常见的心理不适。当我们遇到生活困境、痛苦遭遇、生老病死、竞争失败、天灾人祸等境遇时，理所当然会产生抑郁情绪。几乎我们所有人都有情绪低落的某个时候，常常是因为生活中一些不如意的事情，然而这种情绪只会在某个时间段出现，而不会持续太长。有数据显示，在全世界，受某种形式的抑郁影响的人数占全部女性的25%，全部男性的10%，以及全部青少年的5%。在美国，这是最常见的心理问题，每年大约有107600000人因此而苦恼。在笔者临床经验中，抑郁情绪的发生也呈上升趋势，所以偶尔的抑郁并不是很奇怪的事情，大家平常心对待就好。

我想你在生活中一定经常听到别人说，甚至自己也有可能会说"郁闷"、"烦躁"、"不要理我，烦着呢"等话语，它们几乎成为了与"爽"、"酷"等流行语齐名的口头禅，实际上这些词都是抑郁情绪的代名词，说这些令人沮丧的话语的人其实正处于抑郁情绪之中。

抑郁情绪并不是五种基本情绪中的一种，而是一种复合情绪，由多种基本情绪组合而成，比如高兴、愤怒、悲伤等，它们就是不掺杂其他情绪的基本情绪，而抑郁情绪是一组情绪的复合，它包括悲伤、苦恼、沮丧等等，这是我们任何人都会遇到的，我们大多不会对抑郁这种情绪进行如此精细的划分，而是笼统地将这一组情绪简称为"不开心"。情绪的描述是有两个向量的，比如这里的"不开心"，只是描述了情绪的方向，向下的，也就是低落的，与高涨相对应。而且描述情绪还有另一个重要的向量，也就是时间。比如说我们常常说的不开心，有可能我今天是开心的，而昨天我是不开心的，甚至可能我现在是开心的，在下一秒钟我就不开心了。其实这也就说明情绪是一种反应性的、短期的心理变化。而与之相对的更加稳定的和长远的是心境，这是因为情绪与认知结构、价值观念、人格特征结合在了一起，所以表现出一种持续性的情绪低落。当抑郁情绪绵延数天、数周、数月，甚至更长的时间很可能就是抑郁症了。

看到这里的时候，你肯定会马上联想到"林黛玉"，她几乎成了抑郁的一个典型代表，因为长期的不开心已经渗入了她的情感乃至人格。判断是抑郁症还是抑郁情绪，有个分辨方法就是：抑郁情绪者有求助意愿，而抑郁症患者没有求助意愿。所以聪明的你，是不是已经知道了分辨普通抑郁还是"可能有问题的抑郁"的第一个最显著的指标？那就是时间。看到这里你会自然而然地问："那抑郁情绪持续多久才有可能是抑郁症呢？"精神医学规定一般抑郁不应超过两周，如果超过一个月，甚至持续数月或半年以上，则可以肯定是病理性抑郁症状。

我们都知道一般人的情绪变化有一定时限，通常是短期的，你可能会不开心几天，但是不可能不开心几周，而且随着时间的推移，你不开心的情绪体验是在逐渐降低的，然后慢慢消失。那是因为我们可以通过自我调适，充分发挥心理的自我防御机制，从而恢复心理的平稳。而抑郁症患者的抑郁症状是持续存在的，难以自行缓解，若不经治疗症状还会逐渐恶化。

我们常人的抑郁情绪程度一般比较轻，程度严重达到病态时称为反应性抑郁症。抑郁症患者程度严重，并且影响患者的工作、学习和生活，无法适应社会，影响其社会功能的发挥，甚至产生严重的消极、自杀言行。

抑郁情绪与抑郁症还有另一个显著的不同，即正常人的抑郁情绪是基于一定的客观事物，事出有因。而抑郁症则是病理情绪抑郁，通常无缘无故地产生，缺乏客观精神应激的条件。也就是说，一般人的抑郁情绪会随着导致不开心的生活事件的解决或者时间流逝而得到自然缓解，而抑郁症是无法自行缓解的，而且可以反复发作，每次发作的基本症状大致相似。典型抑郁症有生物节律性变化的特征，表现为晨重夜轻的变化规律。许多来访者常说，每天清晨时心境特别恶劣，痛苦不堪，因而不少来访者在此时常有自杀的念头。至下午3~4点以后，患者的心境逐渐好转，到了傍晚，似乎感到没有毛病了，次晨又再次陷入病态的难熬时光。每当出现这样的情况，我会建议来访者去看精神科医生。

通过以上的内容，我们可以知道抑郁情绪与抑郁症的最为明显的两个区别就是：一、抑郁情绪持续时间短，随着生活事件的解决而自行缓解；而抑郁症是一种持续性的，不能自行缓解的病症；二、抑郁情绪是有原因导致的，可能是重大生活事件，也可能是日常生活中的琐事，不管因为什么都是有客观刺激存在的，而抑郁症的抑郁心境是没有原因的，也就是没有外在的客观刺激。这两个显著的区别可以让我们比较容易就能够识别抑郁症，但是这两个区别并不是抑郁症的诊断标准，我们只能判断具有持续性、没有缘由的情绪低落的人有抑郁倾向，但确诊还是要有专业的精神病医生来做。

最近总是不开心

到了怀孕后期或者宝宝出生后的初期，从最初怀孕时的紧张与不安到慢慢适应了怀孕状态的平静与期待，再到宝宝出生时的激动与欣慰，你的情绪似乎一直都在起伏动荡着，有高潮也有低谷。而现在的你似乎陷入了低谷期，现在的你很容易就感到不高兴，对某些事情也提不起精神来。以前是因为妊娠反应严重，减少了交际，可是现在又要照顾肚子里的宝宝，更是有借口不用出门了，好像生活没有什么变化。只是你发现自己很容易生气，情绪不太稳定，但这似乎也是孕期里常出现的情况，你和你的家人早已习惯了你的喜怒无常，并没有觉得很奇怪。可是你却有些不大适应现在自己这个状态，有时会觉得自己的身体有些乏力，很容易就感到疲劳，而且情绪一直处于低迷的状态。就算是老公给自己买了礼物，你也开心不了多久。如果你出现了上述状况，就说明你正处于抑郁情绪之中，持续的抑郁情绪不利于你的身心健康，我们要赶紧从抑郁的情绪里跳出了。但是，也不要过于紧张和担心，产后出现抑郁情绪其实是很常见的。相关研究表明，有50%的女性在生完孩子后会出现抑郁情绪，主要表现为常感到莫名其妙的委屈，并暗自哭泣，但是过一段时间后就会恢复。妇产科将这种症状称为产后心绪不良。

我们为什么不开心？

1.生理因素

导致产后抑郁的主要生理因素是内分泌的变化。抑郁是由于在妊娠和生产后这一阶段，孕妈妈体内内分泌水平发生了突然而不协调的变化所致。孕妈妈产后可能会出现雌激素持续性低水平的状况，而孕激素则保持相对较高的水平。女性怀孕的时候，雌激素升高，而等孩子出生后，雌激素会迅速下降。这种大幅度的激素水平变化，会导致激素分泌紊乱，从而影响新妈妈的情绪。

最近的研究还认为产后抑郁症为一种自体免疫疾病，怀孕所造成的压力开启潜在易患体质人群患病的阀门，但是由于怀孕本身的保护和屏障作用，使产后抑郁症多在怀孕后期和产后发生。分娩过程中，机体内分泌变化很大（尤其是产后24小时）。妊娠期间，雌激素、孕激素水平逐渐增高到峰值，分娩后3~5天逐渐降至基础水平。研究显示，孕激素下降幅度越大，产后抑郁症发生的可能性越大。产时、产后并发症及难产、滞产、手术产是产后抑郁症的常见诱因。分娩疼痛与不适使肾上腺皮质激素、皮质醇、儿茶酚胺等释放过多，导致产妇躯体和心理的应激增强。由于妊娠期身体与激素水平的变化，使孕妇情绪变得敏感，在产程中各种不良因素如产时并发症、产钳助产、对分娩疼痛的恐惧心理、疼痛等因素的作用，加重了其心理上的紧张与恐惧。如果这种精神状态持续发生而未能得到有效的疏导和缓解，则易发生产后抑郁症和焦虑症。

2.心理因素

（1）个性因素

情绪的变化很多时候会跟一个人的性格有关，那是因为不同性格的人看待事物的角度是不同的。在我们的日常生活中，你一定注意到性格内向的人，对事物更加敏感，更容易产生消极的情绪，而且这种情绪具有弥漫性，也就是持续的时间更长。一般来说，内向、敏感、焦虑等人格特征和易感素质，平时又不擅长处理人际关系的人更容易产生抑郁情绪。研究表明，平时有忧虑性、强迫、不稳定、胆怯、敏感等人格的女性更容易出现产后抑郁情绪。

（2）角色的转变

从人妻变为人母，身上肩负的角色是越来越多，也越来越重。当然成为母亲是一件令人无比自豪的事情，但是同时也是一件让人感到压力山大的事情。这种角色的变化不是每个人都能够轻松把握的。何况很多时候，年轻一代的妈妈们自己本身就像个孩子，而现在却要担负起照顾另一个孩子的主要责任，如果在生孩子之前没有对可能出现的情况做好充分的心理准备，很可能就会变得手忙脚乱。也许你弄了半天，连个尿布都没换好，可是自己的母亲却轻而易举地换好了；宝宝哭了，你使出浑身解数，也不能哄他开心，可是自己的老公一抱起他，他就笑了；宝宝不小心摔了，你自责太粗心，这种情况似乎很少出现在其他人照顾宝宝的时候……也许你不会在意这些鸡毛蒜皮的小事，也许你依然觉得自己可以胜任母亲这个角色。可是一次一次的尝试，一次一次的失败，你真的没有感到失败吗？没有感到无助吗？这些看似很小的事情慢慢积累起来，在潜意识里面影响着你，这让你不知不觉地出现沮丧心理。

（3）产后压力增加

对很多初次生育的妈妈而言，生育其实算是一件"大耗元气"的生活应急事件。经历了生产的疼痛，让许多女性觉得自己耗尽了元气。又加上婴儿的生活习惯与成人不一样，很多女性因为照顾婴儿导致睡眠失调。生活习惯的改变和再适应，导致产妇疲倦、自责，产生负面思想。

还有很多年轻妈妈会因为生产后，身体的发福、身材的走样，感到担心、焦虑，从而产生忧郁情绪。

轻度抑郁，吃药有疗效还是听音乐有疗效？

近年来，科学界开始质疑抗忧郁药物的疗效，不管是最早的三环类抗抑郁药，还是最新的选择性血清素回收抑制剂。这几十年来，医生与病患的用药选择，一直受到这些药物具有神效的科学研究的影响。

康乃迪克大学的一些科学家，在极具有突破性的研究却发现，除了真正患重度忧郁症的患者外，服用安慰剂或假药丸让75%到82%的病患认为，这和服用抗忧郁药物具有相同的疗效。也就是说，抗抑郁药物之所以能产生疗效，只是因为病患"相信"它们能发挥作用。基于这样的信念，使许多患者甘愿忍受药物的严重副作用。

这是由于这项研究，医生和科学家开始关注治疗抑郁症的非药物选择，其中也包括音乐疗法。透过歌声把无法表达的各种恐惧、希望和其他情绪加以宣泄。我们会发现和家人一起玩音乐、唱歌，参加团体活动，可以让轻度忧郁的人产生归属感。

跟我学点心理学

抑郁是转向内心的愤怒

"抑郁是一种转向内心的愤怒",看到这句话的时候大家一定觉得很奇怪,抑郁状态下的人,明明就是什么都不想干,对任何事情都不感兴趣,哪里来的愤怒?是的,如果你处于抑郁情绪,体验更多的可能是压抑、郁闷、沮丧,对日常活动缺乏兴趣,很少甚至不会体验到愤怒的情绪。这是为什么呢?因为这种愤怒的情绪是隐藏在"潜意识"之中的,也就是说这种愤怒是我们没有感知到的,没有意识到的。那你肯定觉得更奇怪:自己都没法知道,其他人怎么能够知道?就凭你嘴巴说,又没依据,想怎么说就怎么说了。

当然不是我想怎么说就怎么说了,其实无意识的内容是可以进入我们的意识的,也就是说是可以被我们感知的。比如我们常说到的梦,它就是潜意识进入意识的一条通道。再比如说,我们在日常生活中会出现的口误、笔误,这也是无意识的一种外在表现。精神分析学派的心理学家会用催眠、释梦、自由联想等方法来探究我们潜意识里的想法,帮助我们了解我们不知道的自己。

我们常常在新闻中看到某某明星患了抑郁症自杀身亡,于是自杀就成了抑郁症的关键词,大家对抑郁症的了解也仅限于此了。确实,严重抑郁的患者会有自杀、自残行为,这是因为他的这种无意识的愤怒指向了自己本身;而另一些有抑郁情绪的人可能想向旁人大打出手,他们的无意识愤怒指向了自己之外的事物,但是一般人不会有这些行为或者想法。所以说,处于抑郁状态的人存在着一种无意识的愤怒和敌意感。精神分析学派的心理学家还认为，我们每个人都有攻击的本能，但是因为社会标准和规则抑制了我们这种冲动，因此，这些愤怒感就转向内心，人就"向自己出气"。

要如何缓解抑郁情绪，最重要的是了解抑郁情绪背后的无意识原因。让处于抑郁情绪的人了解到自己问题的实质，体验到的情感，行为背后真正的欲望，需求、情绪、矛盾冲突等。很多时候因为社会准则和道德规范的限制，我们内心里真实的渴望与需求在现实层面是无法实现的，只能被压抑或者转化，久而久之压抑的冲动、冲突就存在了无意识中，不为我们所感知，于是通过抑郁的情绪表现出来，这些被压抑的冲突和矛盾才是导致抑郁的真正原因。唯有挖掘出症状背后真正的无意识，才能达到心理问题的彻底治疗。

我们举个例子来理解一下，我们是如何自动压抑自己的欲望的。比如，你跟你老公吵架了，在争吵最激烈的时候，你是不是会有打人的冲动？可是作为一个成年人，我们都知道，打人这种行为是社会准则和道德规范所不能容忍的。那么，请你回想一下，你每次遇到这种情况是怎么做的呢？一般来说，我们是有两种选择的，一就是忍气吞声，你可能会默默地哭，或者不理他，一个人躲在房间生闷气，其实这也就是我们所有的压抑的方法。那么第二个，很可能就是摔东西了，锅碗瓢盆管他什么，只要在手边的一股脑地摔了再说。为什么会有这种行为呢？是因为你把打人的行为转化为了摔东西的行为，从而发泄自己的愤怒。相比于打人的行为，摔东西还是被社会所允许的。但是，每次摔完东西，等你理智恢复的时候，是不是后悔得要死？其实我也有过这种经历，但是自从多年前我摔坏了一副很昂贵的眼镜，我再也没有摔过抱枕和公仔玩具以外的东西了，当然随着年龄的增长我也很少生气。希望你以后遇到类似的情况也可以理智对待，具体方法可以参考前一章缓解愤怒情绪的方法！

抑郁是因为无法控制自己的生活

我们每个人都不是一座孤岛，需要与他人互动，与周围环境接触，所以影响我们心理变化的不仅仅是我们自身的特质，还有周围的环境。相比于精神分析流派关注自身，行为主义和社会学习流派关注的是环境，是导致抑郁的环境类型。行为主义者强调"强化"对人们行为的影响，而抑郁正是因为生活中缺乏积极强化物所导致的。换句话说，就是你觉得抑郁，干什么都没有意思，那是因为你所干的事情没有得到回报，或者说没有得到你想要的东西，或者是没有看到这件事给你带来的价值。

处于抑郁情绪状态的人常常对于自己所遭遇到的事情表现出无能为力的样子，也就是觉得自己没办法去处理或者支配这件事情。如果你见过重度抑郁的患者，你会发现他们连早上起床都感觉到困难，甚至都不愿意起床。他们认为没有必要尝试，因为他们相信自己任何事情都做不好，做的任何事情都不会有好结果。他们对自己解决问题的能力感到绝望而破罐子破摔。

当人们遇到困难的时候，没有办法解决，甚至不能支配自己生活的时候，会把这种无能为力的感觉或者无助感迁移到其他的情景中去。例如，有些人在做一件很困难的工作，感到很吃力。无论他有多努力，都无法达到工作的目标和要求。一开始，他是非常努力的，还请同事帮忙，但是一切都无济于事。如果说想在工作上表现好对他来说很重要，那么他可能还会继续努力完成工作。但是，在临近任务截止的时候，他最终发现，无论怎么做，都无法消灭糟糕的结果。换句话说，他认识到他在这项工作上是无助的，他会慢慢地陷入抑郁中。这个时候，除非有其他的希望可以抵消这种抑郁的情绪，否则，他很有可能会得出这样的结论：没有必要在其他工作上努力，也没有必要去尝试其他的活动，例如社交活动。再严重一点，他可能会认为自己不能支配自己的生活，最后连早晨起床的动力都没有了。原因就是，他把自己在不能支配的情境中产生的无助感，不恰当地迁移到了其他的情境中，而这种情境，事实上他是可以支配的。

我想你在生活中一定也有过心灰意冷。有时候自己付出了那么多的努力，却没有得到丝毫的回报，甚至还被批评。这个时候的你是不是也会觉得自己很没用，觉得自己好像什么也干不好，什么也不会，整天都无精打采，懒洋洋地什么都不想干，反正也干不好，那还不如不干。其实这也是一种习得性无助的表现。当然我们一般人可能都会有这样的时候，可我们只是短暂地抑郁一小段时间，然后又恢复过来了，那是因为我们有心理自愈的能力。其实你也可以回想一下自己是如何从这样的情景中走出来的，那么下次遇到同样的情景时，相信你可以借用同样的方法来解决。如果你没法自己走出这种抑郁的情绪，你可以参考提供的这些方法，希望对你有帮助。

另外，当我们感到无助，感到不能控制事件时，我们肯定会找到一种方式去解释为什么不能控制。例如，有些人把自己的失败解释为运气不好，而另一些人则认为是自己的能力不够造成的。我们可以看出前者选择的是外控解释，也就是自己没法控制；而后者选择的是内控解释，自己再努力一点，不断提高自己的能力，还是有希望获得成功的。那么，后者就不像前者那样容易出现抑郁。

抑郁是因为你准备好要产生抑郁的思想

若是平日，大家看到盛开的鲜花自然是心情愉悦，听到婉转的鸟鸣声自然是心情舒畅，但是处于抑郁情绪状态的人，看到的却是"感时花溅泪，恨别鸟惊心"的景象。其实，这就说明了容易抑郁的人总是用最可能导致抑郁的方式来解释周围的世界。他们用抑郁的角度来看世界，仿佛所遇到的人和环境总是在提醒他们想起那些悲伤、不愉快的情景，让他们更容易回忆起不愉快的体验。简而言之，人之所以变得抑郁，是因为他们已经准备好要产生抑郁的思想。

我们知道，对事物的看法会影响到我们的情绪以及随之的行为。同一件事对于不同的人会产生不同的结果，原因就在于不同的人对同一件事的解释都不一样，这就是我们所说的认知不同。我们常听到的《塞翁失马焉知非福》这个故事，其实很好地解释了这一现象。而抑郁的念头与抑郁的情感是紧密联系在一起的，正是这些念头让人们变得抑郁。抑郁的人常常消极地看待自己，对自己的未来也保持着悲观的态度，对正在发生的经历也总是消极地看待。

抑郁者感到抑郁不仅仅是因为他拥有抑郁的念头，更是因为他们使用抑郁的认知方式使自己产生更抑郁的念头。这也能够更好地解释为什么人们陷入抑郁的时候需要经过一段痛苦的时间才能自拔。我们每个人每天都需要面对各种各样的信息，特别是我们现在处于的网络时代，处于数据大爆炸的时代，我们需要处理更多的信息。而这些信息都是带有情绪色彩的，有的积极，有的消极，有的是真的，有的是假的，有的是模棱两可的，这些信息加重了我们的内在冲突并使焦虑不断上升。

"冰冻三尺非一日之寒"，思维方式的建立非一朝一夕，它是时间累积的产物，一个经常思维消极的人患抑郁症的可能性将大大增加。而思维方式的建立和主要抚养人有脱不开的干系。消极思维的父母一定抚养不出积极乐观的孩子。如何在互联网时代培养孩子积极乐观的思维？如何回答孩子在各个时期遇到的不同问题？你回答问题的角度就决定了孩子的思维方式的建立。我在另一本与教育相关的书籍《心理辣妈的未来家庭教育》里有更详尽的方法，就不在这里赘述。

我们发现，最快乐的人是那些关注积极信息、忽视消极信息，把模棱两可的信息也看成积极信息的人。事实上，大多数人都有一种乐观偏差，也就是趋向于认为好事发生在自己身上，坏事发生在他人身上的一种心理期望。即使我们遭遇连续不断的挫折，我们总能对未来存在着一种不现实的积极的生活憧憬。我们大部分人认为自己比别人更有能力，更漂亮，更健康。我们常常觉得好事都会降临在自己身上，而不幸属于别人。正是因为我们大多数人带有这种积极的态度生活，所以我们能够满足，保持一定的自恋水平是心理健康的标志之一。

遗憾的是还有一些人却是用消极的态度生活。这是因为抑郁者进行信息加工的时候其实是激活了与抑郁相关的信息，使他们更容易注意到消极的信息，而忽视积极的信息，并用抑郁的方式解释模棱两可的信息。也意味着他们更擅长记住和回忆起与抑郁情绪体验有关的记忆，并且容易将这种情绪体验泛化到当前的经历中，也就是把目前的经历和过去的消极的事情扯在一起。抑郁者的信息加工，是用一种长久保留消极思想、忽视和隐藏积极思想的方式。这使他们回忆抑郁的信息和抑郁的记忆就更有准备性，并且尽可能消极地理解信息，从而产生抑郁情绪。

音乐膳食

班德瑞让你愉悦——《安妮的仙境》

《安妮的仙境》，这首曲子是不是听起来有些耳熟，你甚至还可以随口哼上两句。那你是否还记得每次耳边响起这首曲子时自己内心的感受，是轻松，是愉悦，还是宁静？请你牢牢记住你内心最真实的感受，在接下来的内容里，你会有新的体验！即使你从没有听过这首曲子也不要紧，因为接下来我们将一起聆听这首灵动的曲子，让它抚平你焦躁不安的心。

我先简单介绍一下这首曲子和其创作团队。班德瑞（Bandari）音乐是瑞士的一个新纪元音乐团体。其作品以环境音乐为主，亦有一些改编自欧美乡村音乐的乐曲，另外还有相当数量的是一些重新演奏的成名曲目。班德瑞最独特之处莫过于每当执行音乐制作时，从头到尾都深居在阿尔卑斯山林中，坚持不掺杂丝毫的人工混音，直到母带完成！为了采集自然音效，上山下水，甚至露宿荒野，对班德瑞来说算是家常便饭。置身在欧洲山野中，让班德瑞拥有源源不绝的创作灵感，也找寻到自然脱俗的音质。每一声虫声、鸟鸣、落花流水，都是深入山林、湖泊，走访瑞士的阿尔卑斯山、罗春湖畔、玫瑰峰山麓等处实地纪录。正是这来自大自然里最干净的声音能够让你逃离尘世，忘却那些庸人自扰的烦恼，让你感受到美好的宁静。

那么，《安妮的仙境》所要表达的是一种什么样的意境呢？

《安妮的仙境》是童心的世界、明快的琴声、悠扬的排笛、柔美舒缓的旋律，把人们带入了一个幽静无忧的美丽世界，勾起了对童年岁月的联想。

童年永远是无忧无虑的，充满了欢声笑语。春日里鸟语花香，用柔嫩的小手，小心翼翼地触碰那带着水滴的花瓣，凑近闻一闻那花香，真是沁人心脾。枝头几只小鸟在叽叽喳喳地叫着，一切是那么美好！夏日里蝉鸣声声，绿树成荫，与几个小朋友结伴在树下乘凉，背靠着粗壮的树干，阳光透过层层树叶，洒下斑斑点点。远处是一望无际的田野，随风涌起绿浪，扑鼻的是青草的香气。秋日里遍野金黄，硕果累累，随手摘一个果子，顾不得洗，已经迫不及待地塞进了嘴里，咯吱一声，清脆爽口，甜蜜的汁液流了一手，却毫不在意。过往的大人们都是喜气洋洋，就连清冷的清风里也夹杂着收获的甜蜜。冬日里白雪皑皑，围着火炉团团坐，吃着烤红薯，听着外婆讲着古老的故事。一切安静的似乎能听到雪花落在地上的声音。偶尔几声狗吠，几声鸡鸣，一切是那么祥和而美好！

孩子就是那么容易满足，哪怕是一片花瓣，一声鸟鸣，他们都会觉得很开心，洋溢着笑容。小孩子的世界就是如此简单，他们对你没有太多的要求，只要你陪伴在他们身边就好，去好好感受他们的内心世界，他们的世界如同仙境，那里天上的白云就是棉花糖，地上的泥土就是巧克力。也许你和他们看到的不一样，但是我相信，那也一定是和煦阳光懒懒地洒在身上，身下是软软的绿草地，耳边还有清脆的鸟鸣，扑鼻而来的是甜蜜的花香。

现在我们带着这样美好的期许一起来聆听这首优美的曲子！首先请准备好一间安静宽敞整洁的房间，卧室当然是一个不错的选择，但是希望你的卧室里不会太杂乱，我可不希望因为它们，你无法集中精神好好去体验那如在仙境中漫游的感受！我可不想你因为那个"大白"抱枕而沉浸在《超能陆战队》的电影情节里不可自拔！也不想你因为你那美丽的结婚照而沉浸在自我陶醉里！记住把那些不必要的，能够引起你分心的东西统统清理出去，让你有一个舒适不被打扰的环境。好像手机才是最让你无法集中注意力的东西吧，那请你把它也扔出去吧。当然，如果你是用它来播放音乐的话，你就必须得克制自己不去用它干别的，比如，刷刷朋友圈，看看微博，浏览浏览网页。如果你实在无法克制玩手机的冲动，那么请你用其他的播放工具或者是把它放到你伸手够不到的地方。当然你也可以按着自己的想法去布置你的房间，可以在床头摆上一盆肉肉的绿植，或是在窗户边挂上一串风铃，或是点上一盏纯植物精油的香薰。不管你怎么布置，请你一定要记住，所有的布置只有一个目的，那就是为了营造一种安静、舒适、利于放松的氛围。

好了，一切安排妥当，请拉上窗帘，打开你的播放器，让我们一起静静地欣赏这首愉悦的钢琴曲。当然，若是晚上，请将灯光调得较为暗淡、柔和，光线太强烈容易引起人兴奋，很难集中注意力。还有音量，当然也不能过高，太高的音量会让悦耳的音乐听起来有些像噪音，破坏了美感。太高的音量也容易引起你的兴奋，无法真正做到内心的平静。所以请将音量调到适中的位置，音量适中这个标准因人而异，可以根据你自己的需求来调节适宜的音量，一般为30~40分贝，最大不超过60分贝。也许你无法做到如此精确，那么只需要将音量调到你不觉得声音过于刺耳，又让自己兴奋不已；又或者是声音太小，需要自己竖起耳朵听就好了。

现在请你以自己最舒适的姿势躺在你那柔软的床上，摒除心中一切杂念，集中思想，聆听音乐。你是不是觉得音乐如潺潺的流水轻松而自在地流入耳朵，流进心里，流遍全身？现在请跟着我一起做音乐心理冥想放松：

声音如同悦耳的风铃声，叮咚叮咚地在耳边响起，那声音似乎越来越轻，越来越远……你循着声音而去，忽然来到了一个充满梦幻的地方，就如同爱丽丝从兔子洞掉进一个充满奇珍异兽的梦幻世界……虽然充满了好奇，但是面对这个未知的世界，其实你的心里还是有些小小的担忧……远处好像传来一阵清脆的如银铃般的笑声，你循着声音而去……一道明媚的阳光划破层层迷雾，阳光下有一个小小的身影朝你跑来……那是个活泼的小人儿，朝你绽放着世界上最纯真的笑容，用甜美的嗓音轻轻呼唤着你，用他那胖嘟嘟的小手牵起你的手……那一瞬间，你所有的担忧都消失了，跟着孩子欢快的脚步向前，向前……

你们现在来到一片辽阔的大草原……你们的周围是一望无际的原野，头上是明媚的阳光和蓝天白云……草原上的清风就像这音乐一样轻轻地吹拂在你的脸上和身上……仔细感受一下草原上凉爽的清风……深深地呼吸草原上清新的空气……感受一下脚下柔软的草地……各种各样的鲜花星星点点地布满了草地……他牵着你的手,弯下腰去寻找那最美的花朵,你也弯下了腰,仔细看看这些鲜花的形状和颜色……他终于找到心仪的花,脸上绽放出如花般的笑容,他将花送给了你,你接过花,将它放在鼻子底下嗅了嗅,那芳香沁人心脾……为了感谢他,你也送给了他一朵……你们手牵着手在草地上跑啊笑啊,累了就躺下来,看看天上的云彩,好像一朵一朵的棉花糖,身边弥漫着青草和泥土的气息……深深地呼吸一下野外清新的空气……

远处似乎可以听到叮咚叮咚的流水声……他牵起你的手朝着声音走了过去……原来是一条蜿蜒的小溪……溪水正欢快地向远方流去……仔细看看这清澈见底的溪水……把手放在水里,感受一下清凉的溪水接触手上皮肤的感觉……他顽皮地捧起一捧溪水朝你洒过来,水滴落在身上,冰凉冰凉的,落在嘴里,甜丝丝的……你们在溪边嬉戏了一会儿,继续向前走……沿着小溪,你们来到了一片美丽的湖水旁……仔细看一看这片迷人的湖水……看一看湖边美丽的景色……这里非常安静,远离了城市的喧嚣……你觉得非常放松和舒服……这里的一切是如此宁静和安详……此刻你的心情无比舒畅和开阔,敞开你全部的心胸,投入这美妙的大自然的怀抱中去……你们俩肩靠着肩,安静地坐在湖边,仿佛能够听见彼此心跳的声音,那是一段愉悦的声波……

休息了一会儿,他又拉起你,继续向前,你们现在走在一条山间的小路上……这条小路一直通向高山的顶峰……仔细看一看小路两边的景色……茂密的树林,阳光从树叶的缝隙中照进来,照在你的身上,暖洋洋的,非常舒服……地上铺满了金黄色的树叶……仔细地感受一下走在柔软的树叶上的感觉……深深地呼吸一下山中清新的空气……再仔细地体会一下清风吹在你身上的舒服感觉……你越走越高,越走越高……空气也变得越来越清新了……抬头看一看,你已经离山顶不远了……你感到自己信心百倍,身体充满了力量……你更加努力地向山顶走去……现在你已经登上了高山之巅,你的头顶是灿烂的阳光,脚下是朵朵白云……极目远望，视野无限开阔，整个大地都在你的脚下……此刻你的心情无比舒畅……展开你全部的身心，投入这美妙的大自然中去……让你的想象力自由发挥，去感受你最喜爱的自然景色，去感受你生命中最美好的时刻……

音乐结束后再仔细地体验一下你站在高山之巅的感觉……带着这种感觉慢慢地回到现实中来……感觉一下身下的床，呼吸一下新鲜空气……活动一下双手……活动一下双脚，好，清醒了，不要着急，等你舒服的时候再慢慢地睁开眼睛。

音乐结束了，我们的心理冥想放松也结束了。可是，似乎你不太想从中清醒过来，你仿佛还在如梦如幻的仙境之中，周围一切都是那么的美好，那个顽皮的小孩子还在你身边跑来跑去，耳边依然能够听到他银铃般的笑声，手掌心似乎还能清晰地感受到他那肉嘟嘟的小手，空气里飘着淡淡的奶香味，那是他身上特有的味道。现在的你是不是感觉自己的心情愉快了许多，内心平静了许多，刚刚还有些消沉低落的情绪，一下子烟消云散了。

但是此刻你似乎又有点怅然若失，自己好想好想和那可爱的小孩永远待在一起。可是，那只是幻境，是不可能的。但是你似乎忘了，你可爱的宝宝正在摇篮里安静地酣睡，说不定还做着跟你刚才想象情景一样的梦。请你好好看看安睡着的他，粉嫩粉嫩的小脸，似乎还挂着笑容，有些扁扁的小鼻子，一抽一抽地吸着气，一张一合的小嘴巴，这是一张多么纯净的脸，让人顿生怜爱。

生活中，也许他给你带来了许多麻烦和烦恼，但是他不是故意的；也许他现在没法理解你的心情，但是他也在尽力给你带来欢乐。他给你一个微笑，你是不是也自然而然地跟着他一起笑起来，心情也好了许多，感觉整个世界都亮了起来。是的，他正在慢慢地长大，他会慢慢地理解你，他将陪你一起度过精彩的人生。

你也许无法一下子接受这些变化，但是慢慢地你会变得习惯。记住，心情不好的时候，听听音乐，踏入那梦幻的仙境，和那神奇的小孩一起玩耍，我相信很快你的心情会好起来，对未来会有更美好的期待。

如何使用音乐缓解抑郁

也许你曾经听说过这么一个笑话,其实有时候我甚至觉得它都算不上是笑话,因为每次笑完之后心里都会有一股淡淡的悲伤。这个笑话讲的是:有一个男人,因为陷入了严重的抑郁情绪中,整天都闷闷不乐,茶不思饭不想,身体状况越来越糟糕。他实在是受不了,于是就找了著名的心理医生。他告诉医生他很沮丧,人生看起来很无情、很残酷,说他在这个充满威胁的世界上觉得很孤独。医生笑着说:"治疗的方法很简单。伟大的小丑帕格里亚齐来了,去看他的表演吧。他把全城的人都治好了,人人看到他都快乐。也许他能让你振作起来。"这个男人突然大声哭了起来说:"你知道吗,其实我就是帕格里亚齐。"也许此刻的你也有这种无助,你可以带给别人欢乐,却治不好自己的不开心。那么此时的你,需要来首轻松的音乐,去体验一首音乐给你带来的愉悦。

刚刚我们一起做了音乐心理冥想放松,它有一个更为专业的名称——指导性音乐想象,你在我已经设置好的语言引导下进行音乐想象。所有想象的方向和内容都是由我来进行控制的。就如前面的小章节里我给你的那段想象的提示一样,你不是自由联想的,而是在我的描述下跟着我的思路来想象的,这就是指导性音乐想象。说到这里你一定会想起前面的章节里我们一起学习的非指导性音乐想象。我们一对比就可以发现,后者更为自由,也容易操纵一些。但是无指导的音乐想象不能对消极情绪进行缓解,比如抑郁情绪,正如我们前面所说的,处于抑郁情绪的人更容易关注消极的信息。如果进行自由想象,那么抑郁的人很容易就联想到不愉快的事情,导致情绪更加低落。我希望处于消极情绪的人更为积极、乐观一些,我就会用一些积极的想象来引导他们,这也是为什么我在这里使用指导性音乐想象的原因。

现在我们结合指导性音乐想象介绍一下音乐摆渡。看到摆渡的时候,你有可能马上就想到前段时间在网络上很火的一部网剧——《灵魂摆渡》。当然你也可以借用这个来理解摆渡这个词语,现在想想这个摆渡和我们接下来的摆渡还真的有几分相似。说到"摆渡"你首先会想到的应该就是船了，正如字面意思所描述的一样，也就是乘船过河。而我们这里的音乐摆渡，其实也就是以"音乐"为船，带你渡过"消极情绪"的河。一般来说，音乐摆渡分四个步骤，当然这是对于音乐治疗师而言的。但是我们自己进行音乐调适的时候，其实是可以简化一些步骤的。

　　我们先简单介绍一下我一般操作的四个步骤：第一步，来访者第一次来咨询室找我咨询的时候多少是带着一些防备的，毕竟对于他而言，我是一个陌生人。所以首先需要了解来访者目前究竟是什么样的情绪。我会先播放一段用来投射的音乐，让来访者自由地描述音乐给他带来的感受，从而了解他此刻的情绪状态。第二步，在确定了来访者的情绪之后，选择一首与他情绪相匹配的，甚至超过他情绪的音乐来进行共情和扰动。音乐的共情可以使他降低防御，而扰动是促使来访者做出改变的动力。第三步，完成共情和扰动之后，选择稍微可以把情绪往上带一些的音乐，但也不是说要达到一个积极情绪的顶峰，而是稍稍向上提，这个度需要把握得恰到好处。最后，用一个音乐让来访者对自己的情绪体验进行反省。音乐的选择需要根据来访者的具体情况来决定。

　　以上就是一个完整的音乐摆渡过程。你会发现在我们上个章节里似乎只提到了最后一个步骤，那是因为你在进行自我心理调适的时候，是了解自己的情绪的，不需要进行音乐投射，也不要共情。而接下来的第三步其实也应该做，只是我在这里没有进行详细的介绍。从以上的步骤来看，我们在进行音乐摆渡的时候，应该有这样的意识：情绪是不可以一步到位的。就好比说，你很不开心的时候，突然来一段很高兴、很激动人心的音乐，你是不是立刻就心生反感。同样的道理，在自己进行音乐调适的时候，我们可以在一开始选一些比较舒缓的音乐，然后在心情稍稍缓和的基础上再播放情绪稍激扬一点的曲子，就这样一步一步地逐渐调适自己的心情。所以即使一开始不是很成功，你也不要着急，要记得情绪调适的过程不是一蹴而就的。

　　我们来简单地了解一下，为什么音乐想象可以缓解我们的抑郁情绪。

　　也许有人会觉得幻象的东西又不是真的，怎么可能有用。但是我相信你一定有过这样的体会：想象一些美好的事情，自己的心情也会好起来。这是为什么呢？精神分析学派是十分重视想象在心理治疗上的重要价值的，他们最有名的一个治疗方法就是自由联想。他们在临床研究中发现一些具有情绪色彩的意象提升到意识层面之后，一些神经症症状得以缓解，让来访者编个故事（其实这也是想象的一种方式）会让他内心变得更加完整。同时他们还发现，仅仅是体验一些常见的意象也可以使人的情绪得以改善，心理得以成长。

心理学认为视觉形象是思维的基本元素，不管形象来自哪里，是外部世界的反映还是自己内心世界的想象，它们都是个体自己的主观内部的直接体验。这种体验的内容可能不是客观事实的反应，但是这种体验本身却是真实的。例如，你想象着自己躺在沙滩上，吹着海风，阳光洒在自己的身上，暖暖的。其实这时候，你身体的体验和情绪的体验都是真实的。因此可以说，只要你能够真切地想象到海边的景色，是否真的去过大海其实并不重要。

很多时候，我们用想象创造出的主观世界同样可以给我们带来真实的体验，而这种体验甚至远远超过现实世界带给我们的体验，那是因为人类的想象天马行空，是不受限制和束缚的。我们不能像鸟儿一样在空中翱翔，我们却能在梦中体验到在空中飞行。我相信很多人都梦到自己在空中飞翔的景象，同样在音乐想象中，我们也可以体验到在空中飞行的自由自在。

唱起来

抑郁的人对外界刺激反应不敏感，在自己的内在积压了很多情绪，如此便需要找到情绪的出口，而唱歌是最好的方式。唱什么？你会唱的任何歌曲！

亘古以来，巫师、宗教领袖，通过圣咏、鼓乐和其他祭祀器皿，清除人类的疾病及调整身心状态。人体的每一个器官都像是一个共鸣器，肌肉、血液循环以及神经，全身都被震动的力量所推动，唱歌让能量在体内流动，这个行为确实具有疗愈的功效。

唱歌带来幸福，幸福带来疗愈。

Tips：其他小建议

缓解抑郁的食物

美食可以对抑郁情绪取得缓解的效果吗？你可能会感到怀疑，但如果你是个吃货的话肯定丝毫不会怀疑，因为吃东西本身就是一件令你感到高兴的事，当然也就可以缓解抑郁情绪了。可是作为不是吃货的少数人来说，这个问题确实值得思考一下。下面我们就来了解一下哪些食物吃了能让你感到高兴，并且了解一下为什么这些食物会让你感到高兴。

（1）选择高蛋白质食品

高蛋白质食物不仅营养丰富，还是制造好心情的原料。这是因为高蛋白质的食物富含色胺酸，这是一种构成神经递质多巴胺和褪黑激素的氨基酸。我们前面提到过抑郁与人体的神经递质分泌有关，即色氨酸的代谢产物五羟色胺的浓度与抑郁症患者的症状相关。所以我们可以通过摄取高蛋白食物来增加五羟色胺的浓度，从而缓解抑郁情绪，振奋人的精神。另外，褪黑素也可以缓解冬季抑郁，同时也有改善睡眠的作用。

富含蛋白质的食物那么多，我们该选择哪些呢？我们首推深海鱼。除了因为深海鱼富含蛋白质，还因为深海鱼中含有一种特殊的脂肪酸。如果你去过海边，可能会发现很多时候那些渔夫即使是在很辛苦的环境下干活，脸上依然会挂着笑容，也会发现海边居住的人大多时候都是笑容满面的，更加友善。也确实有研究发现，相比于全世界其他地方居住的人来说，住在海边的人都比较快乐。也许，你会认为是因为他们比较淳朴，又或者你会认为是大海让人神清气爽，要是让你一直住在那儿，你也会觉得很开心的。这些都有一定的道理，但是还有一个更重要的原因是住在海边的人经常吃鱼。研究发现，深海中的鱼类富含Omega-3脂肪酸，这种脂肪酸与常用的抗抑郁药如碳酸锂有类似作用，能阻断神经传导路径，增加血清素的分泌量，从而缓解抑郁的情绪。

（2）选择富含维生素及矿物质的食品

你一定知道吃香蕉可以让人感到愉快，但是你很有可能不知道为什么香蕉可以让你感到愉悦。那是因为香蕉是维生素B6的超级来源，B族维生素是维持神经系统健康，及构成脑神经传导物质的必需物质。能减轻情绪波动，有效地预防疲劳、食欲不振、抑郁等。另一个水果就是葡萄柚了，葡萄柚里高量的维生素C不仅可以维持红血球的浓度，使身体有抵抗力，而且维生素C也可以抗压。最重要的是，在制造多巴胺、肾上腺素时，维生素C是重要成分之一。

除了上面的水果还有一些蔬菜也可以缓解抑郁。菠菜含有丰富的镁，镁具有放松神经的作用。研究人员发现，缺乏叶酸会导致脑中的血清素减少，导致忧郁情绪，而菠菜是富含叶酸最著名的食材。南瓜是另一个不错的选择。南瓜之所以和好心情有关，是因为它们富含维生素B6和铁，这两种营养素都能帮助身体所储存的血糖转变成葡萄糖，葡萄糖正是脑部唯一的燃料。

也许对于"肉食动物"的你来说，吃水果蔬菜根本就不能满足你，那么你就尝试一下肉类吧。除了前面所介绍的深海鱼类，还有鸡肉。鸡肉是硒的丰厚来源，而且鸡肉不会让你长胖。英国心理学家给参与测试者吃了100微克的硒后，他们普遍反应觉得心情更好。

（3）多糖类食物

像常见的全谷米、大麦、小麦、燕麦、瓜类和含高纤维多糖蔬菜、水果等，这些食物经过提升脑中一种多巴胺的物质来舒缓压力，改善心情。不过许多精制的食物因缺乏多糖类，以单糖为主，则不适宜。糖类对脑部有安定的作用，多吃糖类能够提高脑部色氨酸的含量,因而有安定的作用。饮食中多糖可以造成5-羟色胺流失及产生抑郁症,如蔗糖、葡萄糖、麦芽糖苷、谷类、薯类、豆类等食物。

自助心理训练

心理学讲究助人自助。自助心理训练就是自己对自己的心理特点进行训练和改善。我们用于缓解抑郁的自助心理训练的目的是养成积极的思维方式,用积极乐观的态度面对生活,加强抗挫力。国内常用的网络自助心理训练系统多数属于半自助的,会有专家做一定的辅助,而我们这本书中所讲到的音乐心理调适也属于半自助式的心理训练。

进行心理训练,首先去觉察不良的情绪和负性想法,并建立相应的觉察能力与习惯;其次养成在觉察中审视想法的不合理性,以及相关思维方式的偏向和惯性,并学会逐步调整它们;最后在日常生活中,尤其是抑郁及其他负性情绪易感的情境下,建立起及时觉察、调整的能力和习惯,逐步远离抑郁和其他负性情绪的困扰。

有一份好奇心,培养广泛兴趣

广泛的兴趣是抑郁症的"救生圈",如果我们有多种快乐的来源,那么这种快乐会变得更加稳定,单向的选择常常会让人产生害怕失去的焦虑感。同时多种选择也可以分散注意力,让我们不至于常常限于单调的生活而感到空虚。在参加各种兴趣班的同时,可以认识更多的朋友,增进人与人的交流。另外,在生活中保持一份好奇心,会得到更多的意想不到的快乐。发现新鲜的事物总是让人觉得愉快。

案例分享

A女士,32岁,怀孕7个月左右,由丈夫陪同前来。在搜集来访者信息的过程中,她语量很少,主要由她的丈夫来陈述:A女士大学毕业,现在在一事业单位工作,工作生活顺风顺水。7个月前怀孕,一家人挺高兴的,A女士自己也挺高兴,为将要出世的宝宝添置各种物品。但是最近一段时间,身体一向健康的A女士经常感到身体乏力,很容易就感到疲劳,即使每天什么都不做,还是会感到累,到医院检查一切正常。但是这种状况却没有缓解,甚至变得更加严重了,一向话很多的A女士现在也不怎么愿意说话了,还动不动就暗自掉眼泪,问她原因,她又说不出来。在和A女士的丈夫谈话的过程中,A女士面部始终没有表情,即便偶尔会补充几句,说话时也是没有什么表情的,眼神里透着淡淡的哀愁。

在了解情况之后,我提出能不能与A女士单独聊聊,A女士不置可否,丈夫离开咨询室。

因为她语量特别少,我询问她是否要听音乐?为了缓解沉默,她点了点头。我在第一次的治疗过程中使用了一组带有明显忧伤情调的音乐,引导她共情。整个音乐播放的过程中,我都是静静地坐在旁边。一开始她没有什么反应,一直低着头看着地面,这种沉默大约持续了近10分钟左右,她的眼睛开始泛红,说道:"这首曲子与我现在的心情好像啊!"我微微点了点头,示意她继续说下去。"胸口好像有东西压住了,有些喘不过气,总是想哭……"说着说着,突然哽咽了,"最近,总是不由自主地哭,完全控制不住。""没关系的,想哭的时候就哭出来。"她点了点头,"有时候就为生活里的一点小事就感到委屈。"这里她明显表现出了一些生活琐事的联想,都带有沉闷压抑的情调。

在初次50分钟的治疗过程中,A女士情绪一直很低沉,但是在最后稍稍有些缓和。她告诉我说,这次哭过之后,心情竟有些缓和了,虽然还是感到不开心,但是明显没有以前那么悲伤了。音乐让她的情绪得到了一定的宣泄,但是并没有带来巨大的变化。我表示了肯定,并提醒她抑郁情绪的调适不是一蹴而就的,每天有一点变化也是进步,一点一点的进步,最后终会战胜抑郁的情绪。她领会了我的话,多了一些信心。

第二次治疗开始前,我对A女士最近的状况做了一些了解,状况时好时坏,有些反复。我首先选择了一首与她情绪相匹配,但又超过她情绪的音乐来进行共情和扰动。在这次的治疗过程中,A女士的情绪得到了充分的宣泄,从一开始的小声啜泣到放声大哭。

待她平静下来之后,她和我的交谈明显主动了很多,断断续续地说很多:"担心自己是高龄产妇,孩子会有健康问题……和刚从农村来的婆婆也不知道如何相处,老公总是向着婆婆……"

在对她进行相应的语言回应后,A女士的情绪有了明显的转变,而且希望改变现状的愿望表现得越发强烈。我选择了优美平和的音乐,平复一下刚才激动的心情。随着乐曲的播放,她抬起了头,面朝着窗外,微微闭着眼睛,等乐曲结束的时候,我问她对这首乐曲的感受,她不假思索地回答道:"开始觉得有阳光透过乌云洒在了我发霉的身上,感觉有东西在生长……"虽然这种感觉还是模糊了,还是不确定的,但是改变的动力正在萌芽。

第三次治疗时,我选择了一首愉悦的曲子,引导对未来的生活进行想象。A女士以她最舒适的姿势躺在咨询室的躺椅上,在我的指导语下进行指导性想象。"现在请你摒除心中一切杂念,将注意力集中在这快乐的乐曲上,是不是觉得这音乐如叮咚的泉水流入了你的心田,流遍全身,现在请跟着音乐进入一个奇妙的世界……远处好像传来一阵清脆的如银铃般的笑声,你循着声音而去……一道明媚的阳光划破层层迷雾，阳光下有一个小小的身影朝你跑来……"在这段指导性的音乐想象过程中，我看到闭着眼睛的A女士嘴角微微上扬，像是在微笑。音乐结束后，A女士很兴奋地告诉我，她仿佛看到了自己的宝宝，很健康、很可爱，他们大手拉着小手慢步。我很高兴看到A女士的变化，对她给予了积极的回应，并希望她能够在平时多听听愉悦的音乐来及时调适自己的情绪，而不是压抑或者独自承受。

在抑郁情绪的调适过程中，我们应该注意的是不可以一开始就播放欢快的音乐，这样不仅不能达到共情的效果，而且很可能导致来访者的反感，加深她的自我防御。抑郁情绪的音乐调适是一个渐进的过程，需要一步一步地深入。

当然，在音乐治疗的过程中不能仅仅依赖音乐，还需要不断地促进来访者用语言进行潜意识的澄清。

第六章 音乐无痛分娩

网络赌博心理成因

分娩，无法承受的疼痛

期待了好久，克服了心理上的情绪起伏，以及生理上的疼痛、呕吐，终于迎来了十月怀胎的胜利曙光。此时，你的心情是什么样的呢？是激动兴奋还是担忧，或许更多的是害怕？在见到宝宝之前，每个准妈妈都经过最困难的考验，那就是分娩。特别是对于初次怀孕的女性来说，分娩几乎可以称得上是最可怕的事了。临到生产，新手妈妈很有可能会感到内心煎熬，一心想赶紧见到自己的宝宝，但是却又害怕疼痛来临的那一刻，这纠结简直比听《忐忑》还要忐忑。

可是，新手妈妈们有没有想过自己为什么害怕分娩疼痛呢？对于新手妈妈来说，分娩是第一次，她们从来就没有经历过这种疼痛，但是在她们的脑海里却深深地刻有这样的信念——"世界上再也没有比生孩子更痛的痛了！"我们所受的教育，他人的经验之谈，电视媒体的宣传，这一切似乎都在告诉我们，分娩的阵痛将是我们一生中要经历的最可怕的痛。说到分娩，此刻的你，耳边是不是会马上响起产妇那声嘶力竭的哭喊声；脑海里甚至会浮现这样的画面：满头大汗的产妇在床上各种挣扎，扭曲的表情，紧咬着的牙关，乱蹬的双腿。周围一群人手忙脚乱地抓住产妇，简直有种上刑的感觉。对于这些画面，你可能从来都没有亲眼见过，更多的是从影视作品中知道的。你可能依然记得芈月生孩子时的悲壮场面，现在回想起来，还是忍不住心里发毛。但这些是不是真实的情况，影视作品中的表演多少有些夸张，或许是想加强观众的代入感，所以才这么演绎。

实际上的情况是什么样的？你一定会感到好奇。你也许早已跟自己的母亲或三姑六婆取过经了,可是并不大相信她们的话。毕竟我们都有过这样的体验,也就是当我们在经历困难的时候,会觉得这困难怎么也没办法克服,但是一旦困难结束了,我们在回想的时候,会觉得似乎也没有自己想象中的那么难。所以,你很可能对她的话半信半疑。但是,你同样会发现,自从二胎政策放开之后,身边有些朋友开始打算要二胎了,甚至那些曾经说过"打死也不生二胎"的朋友也在考虑着二胎计划。好吧,聪明的你同样可以用上面的理由来解释,她们这完全就是"好了伤疤忘了痛"。又或者你认为她们已经有了丰富的经验来应对这种疼痛了。对,这就是新手妈妈和她们的不同。

疼痛是你对未知的恐惧

那么她们到底拥有什么样的经验呢?

最重要的经验就是对分娩阵痛的看法不同。新手妈妈几乎完全不知道阵痛到底是什么样的,只知道一定是很可怕的。所以她们往往是带着恐惧进产房的,而这种恐惧情绪会导致肌肉紧张以及对疼痛的过度关注,从而加重疼痛和对疼痛的感知。而有经验的妈妈有过产的经历,恐惧情绪会低很多,不管是从生理上,还是从心理上,她们感受到的疼痛要比新手妈妈感受到的疼痛轻一些。那么分娩疼痛到底是什么感受呢?每个人对疼痛的感受都是不同的,我想我是没有办法对这种疼痛描述清楚。同时,我相信,你身边的人早已跟你描述过分娩时的感受了,但是没有身临其境的你依然无法清楚地感知这种经历,所以即使我在这里描述这种疼痛的感受,对你来说似乎也没有多大的作用。但是有些关于分娩疼痛的知识,我觉得大家是可以了解一下的,这些知识能够让你在面临疼痛的时候,有更多的心理准备以及自己的应对方式,我想这样的话,多多少少还是可以帮助你减少一些疼痛的。

在介绍分娩疼痛之前,我们先将它与一种常见的疼痛做个比较,让你对产痛有一个更清晰的认识。我想几乎所有人都经历过牙痛,那请问你还记不记得上次牙痛是什么感受?好吧,也许上次牙痛已经是一两年前的事了,你已经完全不记得那时候的感受了。那么，现在请你静下心来，好好回想一下，你有生以来最难受的一次牙痛。想想那时候的你，是不是对自己的牙痛束手无策。因为牙痛，你一连好几天没有吃上饭了，好几天没有睡过好觉了。这种疼痛有时候是几个小时，有时候甚至几天，而且疼起来根本无法停止。你甚至觉得只要不痛，即使只有几分钟也好，你愿意付出任何代价。这种感受完全验证了一句老话："牙痛不是病，疼起来要人命。"可是，即便是这种"要人命的疼痛"你都能够安然地熬过去，那你还需要害怕其他的什么疼痛吗？所以请你相信：产痛其实没有你想象中的那么可怕，你害怕只是因为你不知道那种疼痛是什么感受罢了。

我们所有人都会对未知感到恐惧，但是只要我们对产痛有了一定的了解，我想它就没有那么可怕了吧。

首先，我们要知道产痛不是持续的疼痛，所以相比牙痛来说，是不是好了许多，至少它给了你缓口气的时间。在阵痛前期，每次阵痛时间都要比间隔的时间短得多，每次疼痛不过是一分钟到一分半钟而已。

其次，阵痛是可以预测的，因为每次阵痛间隔一分钟或者几分钟，这间隔的时间既给了你短暂的休息，让你重新获得力量，又给你时间做好心理准备。

再次，分娩的阵痛是慢慢加剧的，所以并没有一开始就让你毫无准备地疼得死去活来。而且这种渐进的过程给了你机会去习惯以及应对疼痛。

以前我会因为年轻妈妈们能够轻而易举地抱起40斤左右的1岁宝宝而震惊，想想平时那些弱不禁风的妈妈们连桶水都提不动，现在却能抱起比一桶水重得多的宝宝，后来自己当了妈妈才明白，孩子的重量是一点点地增加的，我们对重量的耐受力也随之一点点增加，所以才能够抱起这么重的宝宝。同样的道理，阵痛的逐渐加剧能够增加我们对疼痛的忍耐力。

一次阵痛之后，间隔几分钟，新的阵痛袭来，但是这种疼痛感并不陌生，比起前一次，多少会更痛一些，不过感觉起来是大同小异的。最后，也是最重要的，阵痛一定会结束，而且结束后，你就会立刻见到自己的宝宝。相信任何一位妈妈在见到宝宝的那一刻，都会瞬间忘记自己身体的疼痛与辛苦，会觉得一切都是值得的。

分娩痛的原因

知道了疼痛的感受，我们还需要知道疼痛产生的原因。只有知道了原因，我们才能找到方法来缓解。在医学疼痛指数中，分娩痛位居第二。看到这里你害怕的心情是不是该缓一缓了，至少没有像传言中说的那样是最可怕的疼痛，至少还有一种疼痛排在分娩疼痛之前对不对？作为好奇宝宝的你，肯定很想知道排在第一位的是什么？好吧，告诉你，是烧伤灼痛。不过题外话就不多说了，我们继续。分娩疼痛的产生是一个比较复杂的机制，不同的产程阶段疼痛产生的来源也是不同的。医学上，一般把整个生产过程分为三个阶段，也就是我们熟知的第一产程、第二产程、第三产程。我们分别来了解一下每个产程的疼痛产生的原因以及主要疼痛的特点。

第一产程主要是子宫肌肉阵发性收缩导致了下腹部痛或者背痛，在第一产程后期，可能还会因为产道的伸展和扩张，出现肛门，甚至大腿部疼痛。第二产程除了要忍受第一产程已有的疼痛外，还会感受到盆腔压迫的疼痛、阴道扩张疼痛以及器械助产带来的疼痛，所以随着致痛因素的增加，疼痛也会加剧，还会出现身体多部位疼痛，比如阴道和会阴痛。第三产程是分娩的末期，子宫继续收缩，之后会感受到会阴创面的疼痛。

除了以上生理的原因，心理原因也是引起分娩痛的一个重要原因。很多新手妈妈由于缺乏分娩的经验，加上各方面的信息对分娩疼痛的夸大，使她们对分娩充满了恐惧，引起心理上的紧张不安，这种情绪同时也会引起生理上的紧张，引起肌肉紧张，从而导致宫缩加剧和时间延长，加重了疼痛感。

分娩痛的好处

即便了解了这么多关于分娩疼痛的知识，你依然还是希望不要经历这种疼痛，不明白为什么非得经历这种疼痛。那可能是因为你不知道，其实分娩疼痛对妈妈和宝宝都是有好处的。

　　首先，分娩过程中子宫的收缩会对胎儿进行挤压，从而锻炼胎儿的肺部，有益于肺泡的扩张，降低未来呼吸系统疾病的概率。子宫收缩和产道挤压可以排挤出胎儿呼吸道内的羊水和黏液，大大减少新生儿窒息肺炎发生率。另外，胎儿头部在产道中受到挤压，可提高脑部呼吸中枢的兴奋性，有利于新生儿正常呼吸。此外，分娩阵痛可以改变子宫形态，增强子宫收缩力，有利于排出恶露，子宫更容易复原。最重要的是，在自然分娩过程中母体将免疫球蛋白G（lgG）传给胎儿，可以增强新生儿抵抗力。同时，子宫的收缩、产道的挤压都是对胎儿的一种刺激，有利于新生儿大脑发育。

音乐缓解分娩疼痛

无痛分娩,在医学上又称为"分娩镇痛",也就是用各种方法来缓解或者减轻产妇分娩时产生的疼痛。它可以让准妈妈们不再经历疼痛的折磨,减少分娩时的恐惧和产后的疲惫感,让她们在时间最长的第一产程得到休息,当宫口开全时,因积攒了体力而有足够力量完成分娩。无痛分娩的方式有很多,比如国际医学界应用最广泛的方式是由麻醉医师从脊椎外层的硬膜注射麻醉药,又或者水针分娩镇痛,耳针分娩镇痛等几种方法。而音乐无痛分娩是其中的一种,就是通过音乐调适的方式使准妈妈分娩时产生的剧烈疼痛得到缓解或者减轻。音乐无痛分娩具有方便易行、非侵入性、无副作用的特点,而且它还兼具缓解焦虑、紧张等情绪的功效,所以音乐无痛分娩是一项非常受欢迎的方法,在临床上的运用也越来越多。

生理作用

前面我们已经介绍过音乐的镇痛功效,我们在这里只做一个简单的回顾。音乐可以产生明显的镇痛作用,由于大脑皮层的听觉中枢与痛觉中枢相邻,而音乐刺激使听觉中枢兴奋,可以有效地抑制相邻的痛觉中枢,可明显地缓解疼痛,从而明显降低产妇的疼痛感受,有效地缩短产程时间。同时音乐可以使人体分泌一种称之为"内啡肽"的重要生物化学物质,它能与吗啡受体结合,产生跟吗啡、鸦片剂一样有止痛效果和欣快感,等同天然的镇痛剂,从而起到缓解疼痛的作用。另外,听音乐是一种大信息量输入的过程,除了欣赏它的旋律,还要体会它描绘的场景，感受它表达的情感，很容易引起人的共鸣，所以一旦音乐信号进入人的听觉系统，就会与疼痛信号竞争神经通道的空间，并占用大量神经通道的空间，因此音乐具有强大的镇痛功能。

心理作用

分娩对于每一个孕妈妈来说都是一次强烈的应激过程。正如在前面所提到的，我们对分娩疼痛的错误认知会导致我们有着不良的情绪以及生理体验，会对分娩产生恐惧，对分娩产生怕痛、怕危险的情绪，甚至这种反应会体现在我们的生理上，临产前觉得自己手脚无力、手心冒冷汗，紧张得直打哆嗦等。产妇心理上的不良情绪不仅能够引起生理上的变化——大家都有过害怕的体会，我们在害怕的时候会出现身体颤抖，手脚瘫软等——而且会加剧生理的变化，引起人体的一些神经系统的变化，导致胎盘血流量降低，减少胎儿血氧供应；而太过紧张会引起呼吸急促，从而导致换气过度，造成呼吸性碱中毒，致使子宫低氧收缩乏力，宫口扩张缓慢甚至停滞，导致产程延长。在巨大的心理压力和强烈的生理疼痛的情况下，如何去缓解这种不良情绪状态显得更加困难，简单的言语安慰是远远不够的。

美国音乐之父Gaston说过："音乐的力量和价值正是在于它的非语言的内涵。"音乐具有稳定情绪和镇静的效果，这是我们在之前的几个章节中提到过的，在产程中播放音乐，将产妇的注意力从宫缩的疼痛转移到音乐的旋律上来。音乐甚至可以掩盖分娩时医生使用的器械以及仪器发出的声音，营造一个良好的分娩，从而能够使产妇全身放松，保持良好的心理状态。

音乐可以改变人类的身心状态，愉悦心情，产生良好情绪。悦耳动听的乐曲能协调产妇的身心活动，缓解精神紧张，减轻焦躁不安等负性情绪，有利于产妇保持良好的心理状态。另外，柔和轻松的音乐可以分散产妇的注意力，从而减轻对疼痛的感知，增强对疼痛的忍耐程度。另外，因为产妇很多时候是一个人进产房，即使有丈夫或者家人的陪伴也会在陌生的产房中产生一种孤独感以及恐惧感，而播放产妇日常聆听的乐曲，使她仿佛置身于熟悉的环境之中，从而有利于消除孤独感，减轻焦虑与恐惧感，心理上的平静会相应地引起身体的放松，减少因为过度紧张导致的宫缩异常及其继发的产程延长或停滞的状况，同时也有利于医护人员的工作，缩短了产程，减少了产后出血量和难产的发生，提高顺产率。

音乐可有效地缓解产妇的紧张情绪，维持自主神经的平衡，减少胎儿窘迫及新生儿窒息的发生。

随着音乐在临床中的运用，越来越多的研究证明了音乐调节情绪的作用。音乐在产妇分娩过程中使用，除了可以缓解产妇的焦虑、害怕等负性情绪，同时也可以激发出孕妇潜在的愉悦情绪。"分娩对于产妇是一种心灵的满足，音乐不但能表达其积极情绪，更能唤起产妇喜悦的情感。"

音乐无痛分娩的方法

音乐的选择

无痛分娩的音乐选择似乎比其他音乐调适方法的选择要简单得多。虽然没有统一的选择标准，但是有一个非常重要的原则就是要遵循产妇的个人喜好来选择音乐，当然这些音乐一般都是比较轻松和舒缓的。

已有研究表明，倾听自己选择的音乐的患者要比倾听随机播放音乐的患者忍受疼痛的时间长。因此，在临床护理工作中，医护人员应该根据产妇的喜好来选择音乐。当然，若是产妇没有什么特殊要求，播放轻松舒缓的音乐就可以了。播放的音乐应当轻柔平缓，具有放松效果，最好是没有歌词的音乐旋律，节拍应为60~80拍/分钟，音量应控制在60分贝以下，50~60分贝为宜。

另外，音乐的类型最好具有多样性，在音乐使用前最好编辑一个含有各种类型音乐的"音乐库"，有声乐、器乐，有古典的、现代的，有激情澎湃的交响曲也有轻松愉悦的钢琴曲等等。有研究表明，根据宫缩的情况以及产程的进程更换不同的音乐起到的效果比整个产程播放同一种类型的音乐效果更好。比如，宫缩中等级过强时听轻音乐，如钢琴曲、萨克斯、古筝等，这些音乐可以缓解产妇的紧张不安的情绪，起到放松的作用。而在宫口近开全时扶上产床，播放进行曲，如管弦乐曲，这个阶段是胜利即将来临的时候。由于产妇已经坚持了很久，已经身心俱疲了，此时播放这些激情澎湃的乐曲可以振奋她们的心情以及给予她们力量与支持。胎儿娩出后直至产后的2个小时，再次播放轻音乐。分娩已经结束，产妇需要好好休息了，轻音乐有助于她们平复激动兴奋的情绪，也有助于她们身体和心理上的放松。当然轻音乐也可以安抚初次来到陌生的世界有些紧张的宝宝们，可以帮助他们建立对这个世界初步的信任感。基于这个原因，我们可以在分娩的时候选择一些孕妈妈在胎教时常听的曲子，因为这些曲子对宝宝来说有一种熟悉感，所以能够更容易安抚他们。当然，整个过程对音乐音量的掌握应该在60分贝以下。

接下来我们看看，临床上医护人员们以及研究者们是如何选用音乐的吧。Phumdoung所提出的音乐类型为无歌词的西方音乐，有爵士、电子音乐、竖琴、管弦乐等，也有人认为用于分娩的音乐疗法的曲目风格可以是民乐、古典、流行、儿童歌曲、宗教音乐等。

实施时间

国外的研究对音乐分娩的干预多为阶段性的，多用于分娩第一产程，原因可能是在整个产程中第一产程处于活跃期，而活跃期的疼痛最为剧烈。我国的临床研究多采用全产程干预，根据产程分为三个阶段性的干预。Liu[①]认为，音乐治疗能够缓解第一产程的疼痛焦虑状况，因此比较了在潜伏期和活跃期播放音乐对疼痛产生的影响，她选取了在宫口开2~3厘米的潜伏期和宫口开5~7厘米的活跃期时各播放30分钟的音乐，发现音乐对活跃期的疼痛的影响更为明显。王玉荣和王忠轩等人采用了全程的音乐干预，并且根据宫缩的情况采用了不同的音乐：宫缩乏力时放摇篮曲，宫缩中等或过强时放轻音乐，宫口开全时播放进行曲，同时将音乐治疗的时间延长胎儿娩出后2小时，此时间段内依然播放轻音乐，都取得了很好的效果。

---

① 引自 http://onlinelibrary.wiley.com/doi/10.1111/j.1365-2702.2009.03028.x/citedby

实施者

音乐无痛分娩的使用对实施者的要求非常高，一般由专门的音乐治疗师来执行。音乐治疗师需要精通音乐、心理、医学等知识，并掌握一定的沟通技巧。我国现阶段多由经验丰富的医护人员或者经验丰富的爱好音乐的助产士担任。

具体方法

音乐无痛分娩主要采取聆听式音乐治疗方法，这种方法其实结合了我们前面所讲到的音乐渐进肌肉放松训练、引导性音乐想象、音乐听觉镇痛三种方法的结合，但是具体的方式会根据分娩时的具体情况以及治疗师的经验进行不同的结合，有可能三种方法都用，有可能只会选择其中的两种，所以你可能会见到本书中不同的方法，但是基本原理都是一样的，只是具体的操作不同而已。当然，因为所处的情景以及处理的问题不一样，在音乐无痛分娩过程中的指导语也会有所变化，但是其理论基础以及基本方法都是相似的。所以早已熟练掌握这三种方法的你，是不是在一旁偷着乐呢？你的心情是不是应该更加轻松一些了，对分娩疼痛不再那么害怕了？

接下来我们看看具体的音乐无痛分娩的实施方法吧，当然，不同的治疗师可能使用的方法有所不同。音乐无痛分娩的方法由三部分组成：音乐—拉马兹放松训练、音乐想象训练、音乐分娩镇痛，整个音乐的干预通常从预产期的前8周开始。

第一阶段的音乐—拉马兹放松训练

一般生产时间在12～16小时，11～12小时为开宫口的时间，8小时左右为宫口打开的潜伏期。产力、产道、胎儿和心理为生产的四大因素。下面就仔细讲一下拉马兹呼吸法的内容。

拉马兹呼吸法的姿势是坐着或躺着，眼睛注视一个焦点，在训练呼吸的同时辅以手的按摩，用不同的呼吸方法作用于不同的生产阶段。一般分三项内容：1. 产前运动；2.神经肌肉控制运动（保持松弛）；3.配合呼吸法。

拉马兹呼吸法是一种减痛呼吸法，在孕期满7个月的时候，孕妇就可练习。一般练习时间为晚餐后2小时，需要家人的协助。

（一）廓清式呼吸

首先，你可以选择坐着或者躺着，以你感觉舒服的方式就好。其次，眼睛注视一个焦点，可以是你视野中任何一个物体，如墙角、壁画等等，摒除心中的一切杂念，身体逐渐放松，感觉自己的身体没有那么僵硬了，直至身体完全放松。现在开始吸气，用鼻子慢慢吸气，就像闻花香一样，深深地吸气，感受气体从嘴巴流经肺部，似乎每个肺泡都张开了，最后空气进入腹腔，积淀起来，肚子慢慢鼓起来了。然后，呼气，深深地呼气，嘴唇像吹蜡烛一样慢慢呼气，悠远而深长，鼓起的腹部渐渐平了。

（二）缩紧与放松运动

我们先来感受一下身体的紧张感，才能更好地去感受身体的放松是什么感受。需要注意的是，这个运动与之前的呼吸练习不一样，需为仰卧位时进行，而且需要有丈夫的配合。丈夫的任务就是检查运动是否到位和是否完成，记住，这个训练的最终目的是：让孕妈妈们能够做到在子宫收缩，而身体的其他部位产生条件反射式的放松。

那么，现在请跟着我的指导一起来做练习吧：先弯曲你的左臂，感受肱二头肌的收缩，为了进一步感受整个手臂的紧张感，请紧紧地握住拳头，是不是觉得自己整个手臂都紧张起来了？然后伸直你的手臂，接着往上抬，尽力往上抬，抬到最高点，是不是感觉到自己左臂的酸胀感？好的，现在放下你的左臂，自由地摆动，放松。好的，做得很好，接下来我们来放松身体的其他部分。需要注意的是，我们在做紧缩和放松运动的时候，要把每一个紧缩的身体部位想象成子宫的收缩，这样经过一遍一遍的训练之后，你就可以做到在子宫收缩的时候，除了子宫之外的其余身体部分都是放松的状态。

以上的介绍就是紧缩与放松训练的大致流程。接下来，我们看看这个运动的口令是什么样的吧。我们要结合前面的廓清式呼吸一起，不过其实也很简单，通关口令一定要记清楚，我可只说一遍：廓清式呼吸、紧缩左臂、放松、廓清式呼吸、紧缩右臂、放松、廓清式呼吸……最后我们来看看放松练习的顺序：紧缩左臂、紧缩右臂；紧缩右腿、紧缩左腿；紧缩右臂右腿、紧缩左臂左腿；紧缩右臂左腿、紧缩左臂右腿。

（三）胸式呼吸运动

看到这里，你一定感到很困惑，前面不是提过廓清式呼吸吗？怎么又来一个呼吸运动。大家要知道，在不同的产程，我们的身体变化以及感受是不一样的，而我们的呼吸也应该顺应这种变化，才能使身体更加舒适。我们现在将要介绍的是胸式呼吸，主要用于宫缩时减少子宫的压迫。

胸式呼吸又称肋式呼吸法、横式呼吸法，这种呼吸法单靠肋骨的侧向扩张来吸气，用肋间外肌上举肋骨以扩大胸廓。有些人进行胸式呼吸时，吸气时双肩上抬，气息吸得浅，因此又称为肩式呼吸法、锁骨式呼吸法或高胸式呼吸法等。其实，在日常生活中，我们很多人都习惯于只用胸式呼吸。这种呼吸方式主要是胸部的扩张和收缩，横膈膜的运动较小。这样，呼吸多集中在肺部的上、中部进行，肺的下部由于运动较小，时间长了会逐渐形成肺泡关闭，导致肺组织萎缩，甚至纤维化。所以建议大家不要常常进行胸式呼吸，多采用腹式呼吸，不仅可以避免胸式呼吸带来的危害，还可提高呼吸的效率。看到这里，你可能会感到疑惑，胸式呼吸对身体有危害，那为什么还要在这里介绍呢？正如前面所说，在宫缩时，任何增加腹部压力的行为都会导致子宫的压迫，腹式呼吸主要是靠腹肌的运动来进行呼吸，呼吸时会对腹部产生压迫，从而压迫子宫，增加疼痛，所以采用胸式呼吸是可以减少子宫的压迫，从而减少疼痛的。

（四）整个产生的呼吸流程

1. 潜伏期的呼吸

潜伏期时每隔5~20分钟一次宫缩，每次宫缩持续时间为30~60秒，宫口开0~2厘米或者3厘米（生产时休息间隔，记得吃点东西，喝水，但要喝一小口，不能太多）。口令：子宫收缩开始时，采用廓清式呼吸，呼吸的节奏是先吸气，同时在心中默数四次，然后呼气，同样在心中默数四次，然后按这种节奏反复六到九次。

2. 加速期的呼吸——胸式呼吸

加速期宫缩的频率会增加，这种频率的增加较潜伏期快了好几倍，每隔2~4分钟一次宫缩，每次宫缩持续时间为45~60秒，宫口开4~8厘米。在此阶段子宫收缩开始，胸式呼吸，呼吸的节奏是先吸气，同时在心中默数四次，然后呼气，同样在心中默数四次，进行这种慢节奏的呼吸一次之后，我们要随着宫缩的加快而加快呼吸节奏，也是吸气时，心中默数三次，呼气时，同样默数三次，然后继续加快，吸气数两次，呼气数两次，然后更快，吸、呼、吸、呼、吸，一次循环之后，我们再逐渐放慢呼吸，也就是反着来一次。当然不用这么死板地完全按照这种节奏呼吸，我们可以随着宫缩的进程来调整呼吸的节奏。

3. 减速期的呼吸

减速期宫缩的频率更加快，每隔30~60秒一次宫缩，每次宫缩持续时间为60~90秒，宫口开8~10厘米。此时的呼吸为浅呼吸，主要是停留在喉部，所以呼吸的时候不要像之前那样深长，而应该是短促的。呼吸的节奏是：吸、吸、吸、吸、呼；吸、吸、吸、吸、呼。

4. 闭气运动

闭气运动时为第二产程，宫口全开10厘米，胎儿娩出（一般1小时左右完成，最多2小时就要结束）。口令：1.收缩开始；2.廓清式呼吸；3.吸气、憋气（20~30秒），用力（从1数到10）吸气、憋气，用力（从1数到10）；4.廓清式呼吸；5.收缩结束。孕妇一个人练习时，可平躺在垫子上，双腿分开，抬高，放在椅子或沙发上，双膝弯曲，臀部尽量靠近椅子。

5. 哈气运动

哈气运动是胎头娩出到一定范围（三分之二时），此时孕妇不要用力。练习时闭气运动和哈气运动要穿插进行。

第二阶段的音乐想象训练。治疗师帮助孕妇在内心建立起对分娩过程的积极心理期待，消除紧张恐惧情绪。孕妇跟随音乐的引导进行想象，想象宫口如同逐渐盛开的花朵，宫缩如同大海的波涛等美好的大自然景象，进行良好的自我体验，帮助孕妇从内心建立起对分娩过程的积极心理期待，每天1次，每次30分钟。

在第三阶段音乐分娩镇痛，即分娩过程中使用音乐，特别是在前面已经使用过的、已经熟悉的音乐，帮助产妇减少和消除分娩过程中的疼痛。

第七章 音乐胎早教

网络自杀直播心理成
因与解读

"音乐就像一个大大的礼盒，里面盛放着很多很多美好的东西。也许在宝宝年纪还小的时候，他无法完全领略；但随着成长，他会发现，这些东西是值得用一生的时间来慢慢领略、慢慢享受的。"

——《音乐早教激发婴幼儿灵性》

第一部分　音乐胎教

音乐胎教为何物？

音乐胎教

说到"胎教"，作为准妈妈的你，一定不会感到陌生，或许你早就已经开始了自己的胎教计划。但是说到"音乐胎教"，你可能就没那么了解了。看到我这么说，你可能会很自信地反驳道：我当然知道了，我的胎教计划里也包含了"放音乐给宝宝听"这一步骤。是的，不否认这是音乐胎教中不可或缺的一步，但是音乐胎教不只是一个纯粹的聆听音乐，更不是我们大家广泛认为的放音乐给胎儿听。音乐胎教是以音乐治疗学科专业为基础，以音乐的方式促进孕妇与胎儿健康成长的综合性方法。

我们前面介绍了那么多音乐调适情绪的方法，其实也可以起到音乐胎教的作用，只不过那些方法的主要目的是调适情绪，促进孕妈妈的心理健康，而音乐胎教不过是它们的"副产品"罢了。为什么说音乐调适是胎教的副产品呢？我们前面介绍过，胎儿是可以通过母亲血液里的激素水平的变化来感知她的情绪的。音乐能够使孕妈妈心情舒畅，并把这种愉悦的感受传递给自己腹中的胎儿，使胎儿也感受到愉悦，从而起到音乐胎教的作用。

那么，真正的音乐胎教是什么样的呢？音乐胎教是以音乐为媒介，对胎儿的身心发展起促进的教育过程。与其说是教育，我更认为它是一种"润物细无声"的潜移默化的影响。但是同时，音乐胎教也是一门科学，它综合各学科的知识，以音乐治疗作为坚实的科学基础，以有声的音乐为媒介来促进孕妇和胎儿健康成长。科学的音乐胎教应该是以音乐贯穿始终，多种方式的有效综合。例如，聆听、律动、冥想等等。同时，音乐胎教应该"因时而异，因人而异"，做到在孕期的不同阶段应该采用不同的音乐胎教方式，结合孕妈妈自身的音乐喜好来制定"个性"的音乐胎教，合理地安排音乐胎教课程，科学地进行音乐胎教。

音乐胎教的作用

在前面的章节里，我们已经知道音乐除了给我们带来艺术欣赏的价值，还能引起我们生理以及心理的变化。音乐可以渗入我们的心灵，让我们去感受平时没有留意到的小情绪、小体验，以及抑制了的记忆。有实践证明，经过音乐胎教后出生的宝宝有以下优点：适应环境能力强，好养好带；动作协调性好，肢体功能发展快；语言能力强，智力发展快。

音乐影响胎儿的心理主要可以通过两种途径：一是音乐本身对胎儿的刺激。在怀孕4个月之后胎儿就已经具备了听力；6个月之后，胎儿的听力几乎和成人接近，所以4个月大小的胎儿是可以直接感受到外界的声音的，优美动听的胎教音乐能够给腹中躁动不安的胎儿带来抚慰，使他通过音乐朦胧地感受到世界的和谐与美好。二是通过影响母亲来影响她腹中的胎儿。就如我们前面所说的一样，音乐可以使孕妈妈心旷神怡，从而缓解不良情绪，并把这愉悦的体验传递给腹中的胎儿，使其体验到愉快的情绪。

音乐对胎儿的生理影响同样也是通过这两种途径。

第一，音乐本身对胎儿的影响。4个月大小的胎儿已经具备了听力，此时给他们进行音乐胎教可以直接刺激胎儿的听觉器官，音波能够促进胎儿听觉器官神经元以及神经突触发育，能够加速脑细胞之间的相互连接，继而激发其脑突触的增多，从而不断增加胎儿的脑容量，促进脑部发育，为胎儿后天的优化奠定基础。

第二，通过影响母亲来影响她腹中的胎儿。胎教音乐通过悦耳怡人的音响效果对孕妇的听觉神经器官产生刺激，从而引起大脑细胞的兴奋，改变下丘脑递质的释放，促使母体分泌出一些有益于健康的激素，如酶、乙酰胆碱等，使身体保持极佳状态，促进腹中的胎儿健康成长。

音乐胎教的方法

关于音量

音乐胎教受到越来越多的关注，与之相关的音乐也是越来越多，但是我们要注意的是很多时候我们的操作方法是不科学的。

我相信每个人都有听音乐的经历，偶尔不小心触碰到音量键，突然增大的音乐声是不是很刺耳，甚至耳痛、耳鸣？此时你肯定会忙不迭地扯掉耳机或者关掉声音。所以说，音乐胎教首先要注意的就是音乐响度的大小。胎儿的听力器官发育不够完善，比较脆弱，把握不好音量很容易造成胎儿听力损伤。有些孕妈妈确实也考虑到了音量的影响，尽量将声音减小一些，但又怕腹中的宝宝听不到，于是就直接把音乐播放器放在肚皮上。这种做法是不对的，因为音乐播放器除了播放声音还会产生声波，直接把音乐播放器放在孕妈妈的肚皮上会让未经过安全控制的声波直接进入人体，同样有可能导致胎儿的听力缺损。有些妈妈肯定更习惯外放，觉得外放就不会受到声波的影响了。但是这时候又忽略了音量的影响，通常我们都是以自己的标准来决定播放声音的大小，但是胎儿的听力器官比较脆弱，那么外放应该是多大音量呢？大家要记住，在音乐胎教时，一定要保证声音控制在安全范围之内，即60分贝以下，2000赫兹以内。另外，未经电磁屏蔽的传声器会产生电磁辐射，对胎儿和孕妇都会造成伤害，因此在音乐胎教时，要注意设备的使用，避免电磁辐射的干扰。

由此可见，音乐胎教所使用的方法以及选择使用的播放设备是非常重要的。由于胎儿听力器官发育不够完全，强度太大的声音很可能会造成胎儿听力损伤，正如我们前面提到的，胎教音乐强度最好不要超过60分贝，频率不要超过2000赫兹。而我们平时使用的播放设备大都不能控制播放出的音量音频大小，所以我们大多数孕妈妈打开大功率音箱或者将普通耳机放在腹部对胎儿进行音乐的胎教方式不仅不科学，还可能伤害到胎儿。另外，音乐的音频在50～6000赫兹之间，而适合胎儿的音频则在100～2000赫兹之间，音乐没有滤掉超低和超高音频，容易伤害胎儿的听觉系统。基于以上考虑，我希望大家在进行音乐胎教的时候，能够使用专业的胎教设备。当然没有专业的设备，我们同样也可以做好音乐胎教，要知道，孕妈妈的声音可是宝宝最熟悉也是最喜爱的声音，所以接下来，我们介绍几种简单而有效的方法吧。

哼歌谐振法

"哼歌谐振法"，一眼看到的时候是不是觉得好"高大上"啊，"哼歌"，你再熟悉不过了，说不定你还是个"麦霸"，但是看到"谐振"的时候就有些蒙了。好吧，其实它没有你想象的那么难。简单讲就是你高兴的时候哼哼歌，相信大部分人都有过这种经历，但是"哼歌谐振法"需要注意两点：一是选择的曲子要柔和轻松，太过吵闹会影响宝宝的休息；二是在哼唱的过程中要想象腹中宝宝也正在倾听，感觉自己正在与宝宝互动，这样才能让宝宝感受到你对他的爱，形成心音的谐振。每天在自己心情舒畅的时候哼唱几首歌，最好是抒情音乐，也可以是摇篮曲。哼歌不仅可以使孕妈妈自己更加愉快，同时通过歌声的和谐振动能够使腹中胎儿感受到妈妈的爱以及愉悦的心情，从而产生一种"世界是美好的"感受。临床研究发现，孕妈妈跟着音乐节奏哼歌，很可能会引起胎儿的特别注意和精神兴奋。因为胎儿在孕妇的肚子里常常听到的是低沉而单调的心跳声和血液流动声，所以孕妇愉快的歌声对胎儿来说是一个新异刺激，会引起他们的注意，久而久之可以使胎儿记住妈妈的声音。

在我们感到高兴的时候，会不自觉地轻轻哼上几句自己比较喜欢的歌，同时心里还会想着一些美好的事情。我相信你一定有过这样的体验，所以哼歌谐振法其实你早就会了，说不定你已经运用这种方法很多次了，只是你自己没有察觉罢了。但是我们要注意的是，这里的哼歌谐振法与平时的哼歌还是有很多不同的。毕竟，妊娠期是需要我们谨慎对待的。

最需要我们注意的有三点：一、音量。我们知道恰当的音量对胎儿还未发育完全的耳朵来说是十分重要的。声音太大会影响胎儿的听力，所以你肯定不能够敞开嗓子大声唱歌。那多大的音量才适合呢？以小声说话的音量为标准。为什么是小声说话的音量呢？因为孕妈妈的声音传递给胎儿是直接通过身体，而不是通过空气。相对于在空气里传播，声音在固体里的传播速度较快，减弱较少，所以说话的声音要比平常音量小。二，情绪。我们都知道孕妈妈的情绪是很容易影响到肚子中的胎儿的，所以唱歌的时候孕妈妈的情绪很重要，要保持轻松愉快的心情。三、选曲。尽量选唱一些简单、轻快愉悦的歌曲，可以是一些耳熟能详的儿歌，比如《让我们荡起双桨》，一边唱的同时一边舞动双臂，做出划桨的动作；也可以说唱结合，用童话般的语言对歌词进行场景的描述与解释，"微风拂过湖面，激起层层涟漪，空气里夹着青草的香气……"或者《春天在哪里》，让宝宝感受春天的美好，感受即将到来的世界的美好……另外，如果孕妈妈自己会演奏乐器，也不失为哼歌谐振的好办法。

你可以在打扫自己的房间、整理东西的时候或者在空闲的时候，都可以哼唱几首儿歌或轻松欢快的曲子，让胎儿不断地听到母亲宜人的歌声。这样既可以让宝宝感受到来自母亲的爱，同时对宝宝进行音乐启蒙教育，开启艺术的大门。

音乐熏陶法

这种方法与我们平时听音乐很像，但是也有所不同，它更像我们前面所讲到的非指导性音乐想象。每天欣赏几首音乐名曲，或是听上几段轻音乐，在欣赏与倾听当中借曲移情，会产生许多美好的联想，如同进入美妙无比的境界，而这种感受可通过孕妇的神经体液传导给胎儿。你时而沉浸于一江春水的妙境，时而徜徉于芭蕉绿雨的幽谷，好似生活在美妙无比的仙境，遐思悠悠，当然就可以收到很好的启智效果。

有人可能会觉得这种方法主要适宜爱好音乐，并且善于欣赏音乐的孕妇采用。因为有音乐修养的人，一听到音乐就进入了音乐的世界，情绪和情感都变得愉快、宁静和轻松。很多时候，很多人对自己的音乐欣赏水平不够自信，因为我们大部分人没有专业的音乐背景。但是我们这里的欣赏不是要你指出这首曲子是什么节拍，什么时候是快板，或者这是首协奏曲还是圆舞曲。我们只需要去感受乐曲中的情绪，去感受自己的情绪，我相信每一首曲子给每个人的感受是不一样的，即使同一首曲子在不同的时候给人的感受也是不一样的。所以不要担心自己的欣赏水平，只要去感受自己的内心就好了。何况，我们前面还做了一系列的音乐调适训练，他们也能很快地进入状态，所以放轻松，你能行的。

这种方法比较强调音乐想象，因为你想象的画面会引起你情绪的变化，甚至其他生理变化，从而影响到胎儿。想象和感受在音乐熏陶法里是很重要的。有人说过："胎教过程中夫妻双方进行的是一场潜移默化的灵魂交流，要想孕育出健康聪慧的宝宝，夫妻双方共同努力是至关重要的，即当妻子用身体辛勤地培育胎儿时，丈夫也要从精神上付出相应的努力。"

准妈妈在聆听音乐时要加入自己的情感：诗情画意，浮想联翩，在脑海里形成各种生动感人的具体形象。同时全身放松，半坐半卧在摇椅上或一个舒适的地方，把手放在腹部，注意胎儿的活动，并告诉宝宝"我们现在一起听音乐"。欣赏时可以想象随着动听的音乐节奏，腹中宝宝迷人的笑脸和欢快的体态，在潜意识中同他进行情感交流。

接下来，我想谈谈孕妈妈听音乐的形式。

我强烈建议爸爸们参与进来。打开音乐后，丈夫坐在妻子的后面环抱着妻子，妻子的双手轻轻搭在肚子上，丈夫的手掌握住妻子的手掌，让妻子感受到你浓浓的爱意。这种聆听形式的选择更有利于增加妻子的安全感，让她觉得她不是一个人在战斗,感受到来自于你的爱就会改善孕妈妈的内分泌,产生愉悦的情绪,从而被胎儿接收。

音乐胎教最重要的就是音量和选曲了。前面我们已经介绍过合适的音量了,但是你很可能没办法达到所说的音量标准。那么从主观感受来说,起码要求是音量不能刺耳,最好是比平常听音乐时的音量要低一点。还有一点要记得,不要把音乐播放器或者耳机直接放在肚皮上!好了,现在我来介绍一下选择乐曲的原则:选择那些委婉柔美、轻松活泼,充满诗情画意的乐曲。轻松活泼的音乐有助于激发胎儿对声波产生良好的反应;充满诗情画意的乐曲有助于你发挥无尽的想象;委婉柔美的乐曲能使孕妇得到美的享受,给胎儿以宁静感,使胎儿心率平稳,从而改善胎盘的供血状况,促进发育。而且,音乐的节律性振动对胎儿的脑部发育也有良好的刺激。

选好了曲,我们就按着下面的步骤开始音乐熏陶的旅程吧。

首先,准备阶段,把音乐打开,音量调至适中。你可以找一张舒适的靠背椅子或者躺在床上,双手自然放在腹部或者双脚两边,全身放松。当然,你也可以随意地在房间里走动,只要你感觉舒服就好。其次,进入主题,享受音乐。随着音乐的节奏,调节自己的呼吸,全身自然放松,思绪放空。此时,各种妊娠症状也会被暂时忘记,脑海里只有轻快的音乐,尽情地享受。可以闭起眼睛,随着音乐节奏,手、脚有节奏地慢慢晃动。每次做音乐胎教大概10分钟左右,因为过长的时间可能会影响到胎儿的休息。最后音乐停止,伸个懒腰,活动活动身体。

当然,你也可以边做家务或边吃饭边欣赏,还可以随着音乐哼哼唱唱,让柔和美妙的音乐充满生活空间,让胎儿在音乐的摇篮里快乐成长,让自己疲劳的躯体、绷紧的神经都得到较好的放松。

Tips：音乐胎教注意事项

音乐胎教的时间

胎儿在4个月左右便开始有听力了，6个月的时候听力与成人的听力大致相当，但还没有发育到完全成熟，这个时候的胎儿不仅能听到母亲的心跳、声音，对外界发出的各种声音都会有一些反应。胎儿若是听到外界太过吵闹的噪音会皱眉、踢脚，显得有些烦躁，但是听到母亲的声音或优美的音乐时，会舒服安静地吸吮手指、轻轻踢脚，心情平静、愉悦。所以音乐胎教，可以从胎儿4个月的时候开始。

一般怀孕24周左右，胎儿的听觉功能就已经完全建立了。这个时候可以使用哼歌谐振法来进行音乐胎教，因为此时的胎儿主要是通过骨骼传导来听声音的，他们不仅可以听到孕妈妈的说话声，还可以听到孕妈妈胸腔的振动声。大概孕26周左右，胎儿可以听到外界的声音了，这时可以让胎儿听胎教音乐，进行音乐熏陶法，但是时间不要过长，每次10分钟左右，不要超过20分钟，每天1～2次。用音乐设备播放时，要注意远离设备，避免电磁波的影响，一般至少相距1.5米左右，音强在65分贝左右。

胎教音乐的特点

音乐的节奏性是进行音乐胎教时最需要注意的特点。最好的胎教音乐应该是尽可能与子宫内的胎音合拍，比如在频率、节奏、力度和频响范围等方面。过高频率、过强节奏、过大力度的音乐都有可能导致胎儿听力器官的损伤，严重的损伤会导致宝宝出生后听不到高频声音。正常胎儿的心跳大约是每分钟120～160次，只有当音乐节拍与胎儿心跳节拍大致吻合时，胎儿在母体中的情绪才容易安定下来。这说明我们日常中认为给胎儿听平静舒缓的音乐就可以让胎儿安静下来的想法是不正确的。

另外，选曲要多样化，同时还要结合胎儿的气质来选择。胎儿的气质可以从胎动进行初步判断，有的胎儿比较活泼好动，那么胎动次数可能会频繁一些，而且强度也会大一些；而有的胎儿比较文静，胎动次数相对少些，强度也比较弱。一般来讲，让活泼好动的胎儿听一些节奏缓慢、旋律柔和的乐曲，而给那些文静、不爱活动的胎儿听一些轻松活泼、跳跃性强的儿童乐曲、歌曲，会对胎儿的生长、发育起到更明显的效果。当然气质无好坏之分，我们给宝宝听与其气质相反的音乐并不是为了矫正或者改变宝宝的气质，而是为了让宝宝更加全面地发展。

不仅如此，音乐在对胎儿形成安全的条件反射之后，可使其在出生之后通过音乐来改善其不适应的环境。因此，婴儿出生之前使用的音乐尽量积极、稳定而赋予平和、温暖的色彩，在他出生之后，这种音乐对他的情绪是有安抚作用的。

胎教音乐的选择

不同的孕期，准妈妈的生理与心理感受是不同的，当然需求也因此而不同。鉴于不同怀孕时期的不同需求，准妈妈要灵活选择胎教音乐，大大提高胎教效果。通常，怀孕的头3个月妊娠反应比较明显，准妈妈情绪常常比较低落，身体疲倦。此时适宜听轻松愉快、诙谐有趣、优美动听的音乐，力求在音乐中消除孕妇的忧郁和疲乏。比如，《春江花月夜》，可以是古筝独奏，也可以选多种乐器合奏的版本。我相信很多人都读过了唐代诗人张若虚的同名作品，同样是描述柔美的夜色、淡雅的山水，但是却又有不同的情绪，古筝曲更多地表现了泛舟江上，游船箫鼓齐鸣的动人情景，全曲是以欢快愉悦的情绪为基调，能够引起人们的共鸣。

孕中期（孕4月～孕6月），准妈妈们已经开始适应孕期，加上妊娠反应有所缓解，开始感觉到胎动，能够更加明显地感受到腹中的胎儿，心中充满了希望，心情愉悦。同时胎儿开始具有听力，此时我们应该从孕妈妈和胎儿两方面来选择乐曲，可以选择更多样化的音乐。除了孕早期的音乐，还可以增添一些阳光、温暖的乐曲，比如柴可夫斯基的《b小调第一钢琴协奏曲》，曲调中充满了青春与温暖的气息，表达了对光明的向往和对生活的热爱。

孕晚期（7个月以后），胎儿发育逐渐成熟，体重已达3~4千克，准妈妈会觉得自己身体笨重，动作迟缓。随着胎儿的逐渐长大，分娩的日子也即将来临。准妈妈们难免考虑分娩以及产后的问题，思想压力较大，焦虑现象也多。所以，此时应选择一些柔和而充满希望的乐曲，如舒曼的钢琴套曲《童年情景》中的13首曲子，尤其以当中最脍炙人口的《梦幻曲》为宜；奥地利作曲家海顿的乐曲《水上音乐》也非常合适。这些音乐能够让孕妈妈平复舒缓紧张的情绪，以轻松而自信的心态迎接即将到来的分娩。

胎教音乐的禁忌

胎教音乐事关宝宝的健康成长，所以在选择乐曲的过程中，注意以下六个问题。尽管在前面的文字中已有过描述，但在这里需要再次强调：1.音量一定要在60分贝左右，太大的音量不仅会让胎儿不舒服，还会造成胎儿听力损伤；2.节奏不要太快，太快的节奏会使胎儿紧张；3.频率不要过高，高振动频率的音乐显得嘈杂；4.音域不要过高。胎儿的脑部发育尚未完全，脑神经间的分隔不完全。过高的音域会造成神经之间的刺激串连，使胎儿无法负荷，造成脑神经的损伤；5.节奏变化不要太大，特别是中途有突然巨响的重金属音乐，这样会让胎儿受到惊吓；6.音乐时间不要太短，太短对胎儿形不成刺激，同首乐曲可以反复听，这样才能给予胎儿适当的刺激，产生熟悉感。等到胎儿出生后，播放同样的曲子，能够让婴儿有如待在母体内的安全感，有很好的安抚情绪。

第二部分　音乐早教

音乐早教为何物？

音乐早教

　　说到音乐早教，大家脑袋里跳出的第一个想法肯定会是让宝宝去学各种乐器，但需注意的是音乐早教是从出生起到上学之间这一段时间，一些传统的乐器学习肯定不适合1岁以下的宝宝，所以我们这里所说的音乐早教不是一般的乐器学习，而是需要找到一种既能够尊重宝宝天性，同时又能让宝宝快乐地学习、享受音乐乐趣的方法。通过这些让宝宝爱上音乐，潜移默化中激发出多方面的潜能，这就是所谓的"音乐早教"。

　　既然音乐早教不是学乐器，那音乐早教到底是什么样的呢？现在的你一定很好奇，迫不及待地想知道答案。其实，音乐早教是一种"非正式的、有趣味的、互动式的音乐引导"。如何理解这句话呢？我们这里所说的"非正式"并不是指音乐引导方法，而是对音乐早教的结果而言的。我们知道，正式的音乐教学一般都要有结果，或者说是一种结果，就比如说学一种乐器起码得会弹几首曲子吧，这样才能证明你会这种乐器。而音乐早教是基于孩子的感知和认知能力的发展特点，更注重学习和吸收音乐的过程，很有可能在短期见不到明显的效果。但是，我们很多时候，很难去理解这一点，总觉得既然教了孩子什么，就得看到效果，所以我们需要耐心去等待效果的呈现。

"有趣味的"音乐引导，这个应该比较好理解。小孩子的世界和成人的世界是不一样的。我们可能会因为觉得某种技能很有用，即使对这个技能不是很感兴趣，也会逼迫自己去学，而孩子还无法理解什么是有用的，更多的是根据自己的喜好来选择做什么。所以音乐引导的方式肯定不同于成人化的教学，需要使用一些有趣的方法来激起孩子的兴趣。什么样的方法才是有趣的呢？不同的孩子感兴趣的点也是不同的，所以在这里无法提供某一种完全适合所有孩子的音乐引导方法。要想找到适合自己孩子的方法，需要家长完全放开自己，进入孩子的世界，发挥自己的想象，回想自己的童年，用孩子的眼睛看周围的环境，用孩子的心去理解周围的世界，才能够营造出孩子喜欢的欢乐、有趣的音乐学习环境。

"互动式的音乐引导"，我相信你看到这个短语的时候，已经有些自己的想法了。没错，你的想法是对的，那就是需要孩子参与进来，需要有动手动脚动身体的机会，而不是像我们普通的课堂，老师一个人在上面讲，小朋友端端正正地坐在自己的位置上安静地听。"互动式的音乐引导"是通过各种道具，比如小玩偶、毛娃娃或者简单的音乐道具（手链铃铛、拨浪鼓之类的）来引导孩子一起加入唱歌或者舞蹈的活动中来，进行有目的、有针对性的施教。当然，这里的唱歌和舞蹈没有那么正式，跟着音乐的节拍随心哼几句或者动动身体就可以了。在真正的音乐早教过程中，孩子是很自由的，我们不需要对孩子有什么要求。这种没有要求的教育看起来没有难度，但对我们教育者来说是最有难度的，因为它需要我们自己能够清楚地知道孩子在音乐学习过程中所达到的阶段、程度，才能给予孩子们正确的指导，才能通过一来一回的音乐互动，不断促进孩子音乐能力的提高。

音乐早教的作用

你一定听说过爱因斯坦的"相对论"，但是你有可能没有听说过爱因斯坦会演奏小提琴。爱因斯坦从6岁开始学小提琴，而且经常演奏。在他写相对论遇到障碍的时候，也会拉上这首曲子，让音乐的声音帮助自己推开未知的大门。其实你只要留意一下，就会发现大部分科学家都会乐器，如牛顿会小提琴、钢琴，袁隆平会小提琴等等。当然，在这里举这些例子并不是说音乐可以让每个人成为科学家，但是至少我们可以说音乐能够刺激我们的大脑，促进我们的发展。

1. 音乐有利于孩子智力发展

在前面我们已经介绍过，5~6个月胎儿听力的发展已经与成人差不多了，具有感受音乐的能力。如果你在妊娠期给宝宝听过音乐，就会发现当宝宝哭闹时，播放胎教乐曲可以让他们安静下来，这说明宝宝已经具有记忆的能力了。音乐不但能使婴儿心情愉快，还可以促进宝宝大脑发育，使他们变得更聪明。这是因为音乐能刺激孩子大脑的发育，令他们的小脑袋变得更灵敏更协调，不但能锻炼他们的记忆力和感受力，发展他们的空间感和时间感，而且对宝宝的语言、数理、逻辑能力的提高都有很大的帮助。

临床研究发现，3岁儿童经8-9个月的音乐训练后，他们的时空推理能力得到明显提高。时空推理能力能够帮助孩子认识模型、拼图等。另外一些研究也有类似的发现，接受8个月钢琴训练的儿童，比未接受训练的儿童的时空推理测验分提高46%。研究还发现，婴儿对莫扎特音乐的节奏、旋律及和谐的特性有无意识反应。这些特性使孩子以后更容易了解时间、空间和序列技能等关系，对精通科学、数学以及提高问题的解决能力也很重要。另外，研究也揭示了对音高的良好区分，有利于区分音素，这可能和朗读与语言能力的提高有关。

音乐可以提高右脑的创造能力，加强直觉思维，改善注意力和记忆力。有科学家认为，通过音乐锻炼大脑，提高认知能力，如一个人锻炼跑步——不仅可以提高跑步能力，也能提高踢足球或打篮球的能力一样。因此，音乐是挖掘婴幼儿潜能的重要手段之一。

2. 音乐有利于孩子多种能力的发展

（1）注意力

相信大家一定有过注意力不集中的时候，有时候因为注意力不集中而错过很多重要的信息，肯定会懊恼。但其实很多时候，注意力不是我们主观能够控制的，因为生理原因的限制，我们成人的注意力大概能够保持25分左右。而婴幼儿大脑发育不够成熟，所以他们的注意力不仅短暂，而且很容易出现转移，也就是分心。一般来说，婴幼儿的注意力大概能够保持10分钟左右。很多时候，他们需要完成的任务或者说课堂学习时间是远远超过这个时间的，所以很可能会影响到他们的学习过程，因此需要提高他们的注意力，而极具亲和力的音乐能使孩子的注意力得到持续增长。2007年斯坦福大学医学院开展的一项研究发现，听巴洛克时代晚期的音乐会引起有助于集中精神和将外界事物存入记忆的脑部变化。

音乐能够提高人的注意力，可以从心理学的角度进行分析。心理学家发现，人们对于微弱的无条件刺激会产生习惯现象。我们在学习或者工作的时候，有意注意占主导地位，如果这时旁边有说话声，就会引起我们的无意注意，从而减弱有意注意的强度，使学习的效率大打折扣。如这时在旁边放一些轻松的音乐，反而会提高学习的效率。据心理学家研究表明，语言在思维中占有很特殊的位置，容易引起人的联想，而音乐则不然，因而不能放歌曲，只能放器乐曲。

（2）想象力

我们知道音乐是抽象的，正是这种抽象导致我们不同的人对同一首曲子有不同的感受。音乐好似只是一组简单的音符，转瞬即逝，但是它却富有极其丰富的内涵，它留给我们的想象空间是无边无际的。音乐不会给我们呈现一个固定的画面，它给你的感受只有靠我们自己去想象，去结合自己经历过的事情。有人听到《雨滴》这首曲子可能会感觉有雨滴落到自己身上的微凉，有人可能想到地面溅起的一朵一朵的水花，有人可能会想到自己小时候在雨中踩水时的情景，有趣而美好。这不仅是一种想象，也是我们思维的一种表现，所以音乐是培养一个人直觉思维和想象力的有效手段。孩子在接受音乐训练的过程中，大脑得到了强烈而有效的刺激，从而培养了想象力和艺术的直觉。

（3）创造力

宝宝对音乐的想象不是被动的，而是融入了他对这个世界的感受和记忆，也激发着他自己的创造力。也许你不会相信，这么小的孩子怎么会有创造力，但是只要你平时留意一下就会发现，自己的宝宝在听音乐的过程中会跟着音乐的节奏哼哼些自己"发明"的小调。也许你听不太懂他在哼什么，觉得他不过是在那瞎哼哼罢了，其实这正是宝宝即兴发挥着自己的艺术创造力呢。同时我们也知道，想象力和创造力是分不开的，音乐可以提高孩子的想象力，从而影响孩子的创造力。

3. 音乐有利于孩子情绪与气质的发展

音乐可以缓解我们的情绪，当然也可以缓解孩子的情绪。如果你不大相信，那么下次当你的宝宝哭闹的时候，你可以放手用音乐试试。也许一开始，很可能是因为好奇，宝宝转移了注意力才停止了哭泣，可是慢慢地会变得高兴起来。似乎我们人类天生就比较喜欢音乐，即使是小宝宝在听到自己喜欢的音乐时，也会露出开心的表情，有些还会随着音乐手舞足蹈。这是他们不需要任何学习就能得到的快乐享受。

很多时候，我们会羡慕那些有气质的人。但是当问你什么是气质的时候，你又不知道怎么形容。反正我们就会感觉到自己和学习过艺术（比如音乐、美术等）的人就是不一样。他们身上具有一种与我们不一样的东西。艺术对人的影响是"润物细无声"的那种，听熟、练会几首曲子并不能改变一个孩子，但通过音乐长期的感染和熏陶，必定能让你的孩子变得宁静优雅，对生活中美的一切也会显得更加敏感和陶醉。

音乐早教的方法

在介绍音乐早教方法之前，我们必须先要了解音乐学习的一个顺序。这是一个值得大家注意的问题。我们大部分人对于音乐的学习存在一个错误的认识：通过乐器来学习音乐，这同样也是关于音乐早教的一个错误的认识。自古以来，在江南一带就流传着"抓周"这一传统习俗。而许多父母让孩子学习乐器大多也效仿了这一习俗，比如某父母无意中带孩子进了一间琴行，第一次见到这么多新奇的东西，孩子当然会兴奋，一会儿拨弄一下吉他，一会儿按一下钢琴键。在四处探寻之后，孩子最后停在了钢琴旁，在钢琴上玩起来。于是，父母认为自己的孩子很喜欢钢琴，甚至有音乐天赋，便让孩子踏上了学钢琴之路。但是在孩子学习的过程中，发现他对钢琴不再感兴趣，甚至想放弃。也许有人会认为是弹钢琴太难，其实背后真正的原因是违背了学习音乐的顺序。

不管学什么乐器实质都是在学习音乐，而虽然音乐早教的目的不是为了学音乐，但是同样需要遵循学习音乐的顺序，因为这个顺序是顺应了孩子的身心发展的。那么，到底学音乐该遵循什么顺序呢？其实音乐学习与语言学习的顺序是类似的，就好比语言学习，我们需要先听得懂别人说什么，才会开口说话、学会交流、开始识字，才能下笔写字。而音乐的学习也是如此：听、唱、想、读、写。所以在音乐早教或者音乐学习的初期，我们关注的是听、唱、想，这不仅能够起到发展智力和能力的作用，还能为孩子正式学习一种乐器打下基础。

身体就是乐器

如何进行音乐早教呢?我们首先介绍一种最简单的方法,不需要乐器也不需要乐曲。听我这么说,你肯定感到很奇怪,都没有音乐了,怎么能叫音乐早教呢?事实上,我们忽略了每个人与生俱来的、无价的、天然的乐器——我们的身体,从发声器官到肢体,所以妈妈们要好好利用我们的身体去充分地表达音乐哦!婴幼儿对母亲的声音更加熟悉和偏爱,最重要的是这种方法可以增加亲子互动,巩固亲子关系。还记得一开始说的"互动式音乐引导"吗?你跟宝宝说话,给他唱歌,其实就是在互动。不过既然是音乐互动,当然要有互动,还要注意节奏感。所以在与宝宝说话的时候应该用儿语,声调要有高低起伏,有节奏,拉长音调,用唱歌一样的语言对宝宝说话。经常给婴儿唱歌,如民歌、儿歌,或你喜欢唱的,如内容健康,有节奏感,优美、欢快的歌曲。也可以在晚上宝宝睡前唱催眠曲。最重要的是在唱歌的时候,你要跟宝宝有眼神交流,最好可以有节奏地摆动宝宝的小手或者小脚,这样的话,到了6~7个月后,当你唱歌时他就会自己挥动手臂了。

播放音乐的同时进行亲子活动是另外一个有效而且相对比较简单的方法。我们首先需要让音乐生活化,在宝宝出生后,我们要给孩子创造一个良好的音乐环境,让他在家能随时听到优美的音乐。播放的音乐最好是只有旋律没有歌词,曲调柔和优美。我们会在接下来的小节里根据不同年龄段来具体介绍选择乐曲的标准,这里只是简单地介绍一般性标准。播放音乐的音量要适中,持续时间不要过长。你可以细心留意婴儿的反应,如面部表情及身体语言,避免对婴儿造成过度刺激,就好比对花过度浇水。

亲子互动

在播放音乐的时候该如何进行亲子互动呢?

婴儿期的宝宝(0~1岁)受到发育的限制,身体活动不是很灵活,要想跟着音乐节奏来活动是有些困难的,所以需要爸爸妈妈的帮助。你可以抱着宝宝翩翩起舞，让宝宝感受你的身体律动，或者随着音乐节奏轻轻晃动宝宝的手臂或者腿，活动要多样化，随着音乐的改变而改变。等宝宝长大到4个月左右，能够自己晃动手臂或者腿的时候，可以鼓励宝宝尝试随着音乐做舞蹈动作或哼唱。

幼儿期的孩子（1~3岁）已经能够初步操控自己的身体，可以让孩子随心所欲地随着音乐舞动，动作没有标准，不要过于苛求必须是舞蹈动作。家人能够加入舞蹈就更好了，特别是父母，一家人手牵手随着音乐舞蹈是多么幸福而美好的事情。这样既可以促进孩子身心发展，同时也可以增进亲子关系。在听音乐的同时，还可以鼓励孩子随着旋律唱歌，你可以和他一起合唱，这样更能够带动宝宝参加，激起他的兴趣。但是要注意自己的声音和节奏，声音不要高过孩子，节奏也不要快过孩子，最好是随着孩子的节奏轻轻地合唱或者伴唱。还可以手工制作一些简单的可以发出声音的玩具，比如在塑料瓶里装一些豆子，或者给孩子玩一些安全的玩具乐器，加强他们动手或者敲打乐器的能力。另外，也可以通过游戏的方式让宝宝广泛地接触和音乐有关的事和物，比如：在游戏中，孩子可以了解声音的大小、快慢、长短，甚至是音色和音质的变化。所有这些活动中一定要注意互动啊，还要记得及时给予孩子赞美和笑容。

学前期的孩子（4~6岁）经过了前面的音乐熏陶以及身体不断的发育，已经具备了学习一些实际的音乐技能的基础了，可以学习一些乐器，比如钢琴、小提琴、扬琴、古筝、二胡等。而学习乐器，由于需要手眼协调分工合作，对孩子各方面的智能都是一个很好的训练。这个阶段是开发孩子音乐智能最关键的一个契机。当然在学习乐器的过程中同样需要父母与孩子的互动，也许你不会任何乐器，但是你可以作为一个好的听众，一个及时给予称赞的听众。陪伴，对于孩子来说，是最好的互动。

Tips：音乐早教注意事项

音乐早教的时间

音乐早教什么时候开始？我想，经过前面的介绍，你已经可以毫不犹豫地回答我："当然是从出生开始了。"是的，音乐早教是从出生到学前期。但是音乐早教什么时候的效果最好呢？科学研究表明0~3岁是孩子的音乐早教黄金期，在这段时间对宝宝进行正确的音乐熏陶，能够很好地陶冶其性格和情感。但是，大多数家长并不清楚幼儿，特别是低龄幼儿（0~3岁）的音乐早教的积极意义，而且对于如何进行培养并没有清晰的概念。

根据宝宝的不同类型、吸收音乐以及表达音乐的方式不同，戈登教授将这个时间段分为"三大类七阶段"。我们了解这些类型与阶段，有助于我们更好地进行音乐早教，能够在与孩子的互动过程中有的放矢。

第一种类型叫"适应期"，其包含三个阶段，从出生至2~4岁。对于所听到的音乐的反应从"以听的方式吸收音乐"，到"随意地发出声音咿呀学语"，再到"开始有目的地给出反应（如唱一两个音等）"。

第二种类型叫"模仿期"，其包含两个阶段，从2~4岁至3~5岁。这时幼儿对所听到的音乐的反应从"意识到自己所表达的音乐元素与外界的音乐不合（如律动时节奏不准，哼唱时跑调）"，到"较准确地模仿听到的音高型或节奏型"。

第三种类型叫"同化期"，也包含两个阶段，从3~5岁至4~6岁。孩子在这一类型中对音乐的反应从"意识到歌唱与呼吸、律动之间的协调性"到"唱歌时与呼吸、律动完全达到协调"。

不同阶段早教音乐的选择

处于不同年龄段的孩子身心发育是不同的,而且不同类型的音乐对孩子的影响也是不同的,所以我们需要根据孩子的特质和成长发育阶段,去选择不同的音乐类型,来促进孩子的身心发展。

0~1岁

1个月大的婴儿已经具有分辨不同频率的能力,到了三四个月大的时候,开始会发出咕咕声与有目的的声音。5个月大的婴儿对旋律、内容、不同的节奏,能显示其敏锐度。6个月的时候能成功配对出特殊的音调。虽然婴儿已经具备了这么多关于音乐的能力,但是因为他们的感官尚未完全启发,因此音乐早教活动主要以"听"为主。这时选择什么样的音乐,或用哪种方式给孩子听音乐,家长就要好好考虑一下了。

首先是曲风。曲风对比应明确,所以在选择音乐时,音乐元素的高低、强弱都是需要考虑的因素。应该尊重婴儿自己对音乐的喜好来选择乐曲,可以是古典音乐或者是高雅音乐,也可以是一些通俗的儿歌。播放音乐的时候,声音要清晰、纯净,音量要适中、稍弱,时间不宜超过15分钟。可以在不同的时间段配合孩子的作息习惯来播放不同的音乐,如当宝宝哭闹的时候,可以放一些亲切、活泼、有趣的音乐,帮助他稳定、调剂情绪;当宝宝玩得很兴奋,但已经到了睡觉的时间,可以让宝宝听安静、柔和的摇篮曲。

1~2岁

1岁左右的宝宝已经可以区分不同的声音了,并且能够利用身边的物体或者自己的身体来制造声音了,对节奏的敏感性增强。同时,这个时候的宝宝开始学习说话、走路,因此可以参与更多的音乐互动游戏。我们可以选择节奏鲜明、短小活泼的曲子,带着孩子随音乐节奏做拍手、招手、摆手、点头等动作,接着逐步增加踏脚、走路等动作。宝宝手部动作发展比脚部要早，快且灵活。因此，先让孩子随音乐节奏练习手的动作，然后再练习踏脚、走步等脚的动作。练习手、脚动作的合拍、协调，可以感知音乐节奏的快乐，发展孩子手脚动作的灵活、协调、优美。同时也可以教孩子唱儿歌了，跟着节奏念歌词，在宝宝已经会说歌词的基础上，让宝宝随家长学唱适合孩子能力的歌曲。

2~3岁

2岁的孩子已经能够用单个词表达意思了，能够通过动作来表现对音乐的意识和感受，且能用所触及到的物体制造各种声音。他们身体的协调性还不够好，但是能够积极地响应节奏明显的音乐。所以，鲜明生动、有特点的音色容易被孩子理解和记忆。而3岁的孩子，语言较之前有很大的提升，能够完整准确地唱一首歌，能够理解音乐拍子和动作之间的关系，身体协调能力越来越好，控制节奏的反应能力也在不断增强。

此时，这个年龄段的孩子有自己的理解能力，所以选择的音乐应容易让他们理解、感受。如果是用来唱的曲子，我建议选用儿歌，以能够反映孩子生活的歌谣为佳，这些歌谣的歌词更容易让孩子理解，也更容易让他们理解歌曲的情感。

3~4岁

可以让孩子从单纯的节奏练习向旋律、音准方面过渡，并可以让他配合乐曲接触乐谱。学习电子琴是这一时期不错的选择，因为电子琴在节奏、旋律、音准以及培养孩子音乐兴趣方面都有很大的作用。

总之，对于4岁以下的幼儿来说，最好还是让他们玩一些有关音乐的游戏。当孩子在玩游戏的时候，也可以放一些轻柔的背景音乐，这不仅会让孩子玩得更专注，更能在不知不觉间优化孩子的节奏感。

4~6岁

这个阶段是开发孩子音乐智能最关键的一个契机了，因为现在你可以让宝宝学习一些实际的音乐技能了，比如钢琴、小提琴、扬琴、古筝、二胡等。而学习乐器，由于需要手眼协调分工合作，对孩子各方面的智能都是一个很好的训练。

例如学弹钢琴，事实证明，从这个时期就开始学习的小孩子肯定比长大后再开始学习的人更具造诣，因为这段时期是学习钢琴的黄金时期，错过了实在太可惜。

或许，并不一定每一位学音乐的孩子将来都能成为贝多芬或是莫扎特，但作为父母也不应该放弃对孩子进行音乐方面的培养，因为一个从小就喜欢音乐，接受过音乐培养的孩子，长大必然热爱生活。

校园暴力的心理成因与策略

校园暴力,抹不去的伤痛

临别时刻

其实，人的一生都离不开音乐，从妈妈肚子里时的胎教音乐到出生后的摇篮曲；从孩童时期的儿歌到青少年时代的流行曲；从步入中年时怀旧歌曲再到人生最后一程的大悲咒，我们的一生从未与音乐分离。

音乐就像一个忠实的伙伴始终陪伴着我们，知晓和表达我们的感受，音乐不但是沟通胎儿与母亲之间的桥梁，也能促进情绪的表达与情绪的重建。

为了写作本书，我筛选了几千条资料，包括各类研究、书籍、文章等相关的信息。这些前人的足迹起着垫脚石的作用，引领我们从古老的知识走向科学的实证，开创我们人生的一次次转变。在此，我要向所有从事音乐治疗的相关人员、孕期研究的相关人员和老师表达敬意，虽然我无法将他（她）们的姓名一一列举，但我是踩在他（她）们的肩膀上不断对知识进行重构。

特别要感谢曾经和我一起工作过的来访者，正是你们的坦诚才有我今天在书中真诚的表达；感谢我服务的"月靓母婴机构"，为这本书提供了源源不断的素材；还要感谢协助我搜集整理相关资料的助教和曾对这本书提出过建议的朋友们，你们都是本书的作者之一。

最后，让我们一起向音乐致敬。从巴洛克时期的华丽到古典音乐思想的深刻；从浪漫时期的情感表达到印象派音乐对景物的描绘；从给人带来宁静的圣咏到新古典如今天当下环境般的喧嚣。因为有音乐，我们就能藉由音乐帮我们表达和治愈心灵，从而为社会、为世界带来和谐。

参考书目

[1] 姚尧.心理学与心理调节术[M].北京：中国法制出版社，2013.

[2] 江汉声.江汉声医师的音乐处方笺[M].北京：机械工业出版社，2003.

[3] 吴幸如，黄创华.音乐治疗十四讲[M].北京：化学工业出版社，2010.

[4] 高天.接受式音乐治疗方法[M].北京：中国轻工业出版社，2011.

[5] 高天.音乐治疗导论[M].北京：世界图书出版公司，2008.

[6] 约瑟夫·莫雷诺.音乐治疗和心理剧：演出你内心的音乐[M].张鸿懿，邓旭阳，王月明，译.上海：上海音乐出版社，2008.

[7] 梅塞德斯·帕夫利切维奇.音乐治疗理论[M].苏琳，译.北京：世界图书出版公司，2006.

[8] 梅晓菁，缪青，柳岚心.音乐治疗[M].北京：中国轻工业出版社，2010.

[9] 穆臣刚.哈佛心理课[M].北京：中国法制出版社，2014.

[10] 莫顿·亨特.心理学的故事[M].寒川子，张积模，译.西安：陕西师范大学出版总社有限公司，2013.

[11] 史蒂文.J，基尔希，卡伦·格罗弗·达菲，伊斯特伍德·阿特沃特.心理学改变生活[M].何凌南，何吴明等，译.北京：机械工业出版社，2015.

[12] 姚尧.心理学与心理调节术[M].北京：中国法制出版社，2013.

[13] 宿春君，杨英.听心理学大师讲故事[M].北京：新世界出版社，2008.

[14] 孙科炎.情绪心理学[M].北京：中国电力出版社，2012.

［15］朱彤.日常生活中的心理学［M］.北京：金城出版社,2007.

［16］威廉·西尔斯,玛莎·西尔斯.怀孕百科［M］.荀寿温,译.海口：南海出版社,2009.

［17］荷莉·史密斯.我的第一本怀孕书［M］.苏珊,刘颖,译.北京：新世界出版社,2001.

［18］蔺莉.环境与妊娠［M］.北京：中国环境科学出版社,2010.

［19］周会菊.亲亲我的宝贝［M］.南昌：江西科学技术出版社,2014.

［20］吴闻华.孕妇保健手册［M］.上海：广协出版社,1952.

［21］陈倩.孕期心理调适与全程保健［M］.北京：电子工业出版社,2016.

［22］大卫·杰弗鲍姆.原来怀孕是件这么可爱的事［M］.吕冠儒,译.海口：南方出版社,2011.

［23］苏珊·伯纳德.妈咪手册［M］.曹娟,牛慧珍,译.北京：中国妇女出版社,2006.

［24］尚品.孕妈妈40周胎教全书［M］.内蒙古：内蒙古科学技术出版社,2006.

［25］苏便苓.失眠［M］.河北：河北科学技术出版社,2006.

［26］杰瑞·M·伯格.人格心理学［M］.陈会昌,译.北京：中国轻工业出版社,2000.

［27］车文博.弗洛伊德文集［C］.长春：长春出版社,2004.

［28］Fordyce W. Behavioral Methods in chronic pain and illness［M］.St Louis：CV Mosby,1976.

［29］Price DD. Psychological Mechanisms of Pain and Analgesia［M］.Progress in Pain Research and Management. Settle：IASP press,1999：15.

参考文献

[1] 刘美莲, 张保娥, 邓雪萍等. 产妇产后抑郁的相关因素分析及护理对策 [J]. 家庭护士: 专业版, 2008, 6(18): 1626-1628.

[2] 金三丽, 李明子. 易感性人格类型量表预测产后抑郁症的效果研究 [J]. 中华护理杂志, 2006, 41(9): 781-784.

[3] 田录梅. 自尊对失败后不良情绪反应的缓冲效应研究 [D]. 东北师范大学, 2004.

[4] 曾延风. 理性情绪行为疗法理论分析及其对大学生抑郁情绪调控的研究 [D]. 江西师范大学, 2003.

[5] 冯正直. 中学生抑郁症状的社会信息加工方式研究 [D]. 西南师范大学, 2002.

[6] 史妙, 王宁, 王锦琰等. 疼痛的心理学相关研究进展 [J]. 中华护理杂志, 2009, 44(6): 574-576.

[7] 钟瑶, 李万龙, 刘瑞芳. 疼痛与心理学的关系及其心理治疗 [J]. 四川教育学院学报, 2008, 24(5): 26-28.

[8] 王福根. 疼痛研究进展 [J]. 中华医学信息导报, 2004, (22): 1.

[9] 吕瑞革. 音乐疗法在骨科疼痛病人手术前后护理中的应用 [J]. 右江医学, 2003, 31(6): 609-610.

[10] 王建荣, 郭俊艳, 马燕兰. 音乐放松想象训练对腹腔镜肝切除患者术后

恢复的影响［J］.中华护理杂志,2006,41（4）:293-296.

［11］龚穗清,吴小琴,梁淑仪.鼻内窥镜下鼻腔清理术护理干预的效果观察［J］.现代医院,2006,6（5）:97.

［12］孙兰英,王艳,杨晶.手术室应用背景音乐对缓解病人焦虑情绪的探讨［J］.中华医学研究杂志,2005,5（3）:276-277.

［13］涂香娥,郭艳容,刘远红.心理干预对输精管结扎手术者心理状况的影响［J］.中国生育健康杂志,2004,15（2）:111-113.

［14］赵皎皎,金海君,任爱玲等.音乐疗法对经皮冠状动脉血管成形术老年病人的干预［J］.护理研究,2006,186:2011-2013.

［15］曹建葆,丁义江,刘飞等.音乐疗法缓解痔围手术期疼痛60例临床研究［J］.江西中医药,2004,25（4）:15-16.

［16］娄秀娥,李玉芝,李秀真.背景音乐对人工流产患者的疼痛干预［J］.齐鲁护理杂志,2006,12（3）:533.

［17］邓延华,周玉彬,赵爱华等.音乐疗法在人工流产中的疗效观察［J］.中国自然医学杂志,2005,7（4）:326-327.

［18］胡妙芳,潘晖,严健渝等,音乐辅助在人工流产术中的应用［J］.齐齐哈尔医学院学报,2006,27（8）:907-908.

［19］李小珍,马丽,李锦莲.音乐辅助治疗在人工流产术中的应用效果观察［J］.南方护理学报,2004,11（4）:55-57.

［20］程楚云,杨艳明,郑月梅.陪伴联合背景音乐分娩359例临床效果分析［J］.中国妇幼保健,2006,21:566-567.

［21］魏碧蓉,林春英.音乐疗法对分娩镇痛效果影响的临床观察［J］.温州医学院学报,2005,35（5）:417-418.

［22］黄秀娟.心理学、社会伦理学与疼痛的关系［J］.中国社区医师:综合版,2006,（8）:1.

［23］吴英,聂发传,陈金梅.疼痛的评估与心理护理措施［J］.局解手术学

杂志,2006,(2):1.

[24]李丹丹.浅谈疼痛感的心理护理[J].中华现代护理学杂志,2005,(21):1.

[25]陈玉芬,陈郁珊,冯丽云等.背景音乐在甲状腺手术中的应用效果观察[J].护理研究,2006,6(20):1540-1541.

[26]赵英.疼痛理论的变迁[J].中国社区医师,2006,22(308),8.

[27]马丽,余丽君.我国运用音乐进行疼痛干预的护理研究现状[J].中华护理杂志,2008,43(3):268-271.

[28]李海华.原发性失眠症的心理病理研究进展,[J].重庆医学,2013,42(13),1533-1535.

[29]李丽敏,时风英,时兆芳.音乐催眠术在产科中应用进展[J].继续医学教育,2014,28(1):47.

[30]张广玲,蔡丽梅,赵菊.催眠音乐疗法在CCU的应用[J].中国急救复苏与灾害医学杂志,2013(11):186.

[31]梁红玉,朱安国,张建辉等.催眠音乐在门诊手术室舒适护理模式中的应用及效果[J].当代护士:专科版,2013(8):108-110.

[32]路艳平,吕会玲.镇静催眠疗法在门诊小儿霰粒肿手术中的护理效果观察[J].中国医药指南,2013(32):23.

[33]刘萍,颜红.音乐疗法用于失眠[J].长春中医药大学学报,2012,91-92.

[34]周宇宾.关于抑郁症的精神分析解读[J].四川民族学院学报,22(6),82-85.

[35]郭珊,郭克锋.抑郁症的研究进展[J].中国临床康复,2005,9(4):131-133.

[35]李洋,钟玉杰,罗曼等.音乐疗法应用于分娩产妇的护理研究现状[J].全科护理,2012,10(12):3343-3344.

[36]弘林.音乐:分娩好帮手.2002.

http://www.people.com.cn/BIG5/other4789/20020727/786085,html

［37］潘红丽，刘菊，井广芝.音乐疗法对分娩的影响［J］.中国煤炭工业医学杂志,2008,11(1): 31-33.

［38］苏靖.音乐治疗在分娩过程中的应用［J］.特别健康：下,2014(10): 342-343.

［39］彭茹凤，胡艳宁，魏慧玲等.音乐疗法配合长强穴按压对初产妇产程及分娩结局的影响［J］.中华护理杂志,2011,46(1): 79-80.

［40］苏美桃.音乐疗法对高血压病患者血压的影响［J］.现代临床护理,2007,6(6): 8-9.

［41］王汉和.导乐分娩配合音乐疗法在产程中的影响［J］.中国实用医药,2010(20): 240-241.

［42］赵然英.音乐疗法对产妇产程及焦虑抑郁的影响［J］.中国民康医学,2007,19(17): 731-731.

［43］熊莉华，赵静茹，李珍.音乐疗法对缓解产妇分娩过程中疼痛的效果观察［J］. 现代临床护理,9(3): 50-51.

［44］王忠轩，夏卫红，林艳红.导乐陪伴音乐伴随哼鸣助产的临床研究［J］.国际医药卫生导报,2010(1): 94-96.

［45］王玉荣，罗建梅，陈永兰等.音乐理论用于分娩的临床研究［J］.中国妇幼保健,2005,20(12): 1443-1444.

英文参考文献

[1] Götestam K G. A three-dimensional treatment programme for chronic pain[J]. Acta Psychiatrica Scandinavica, 1983, 67(4): 209-217.

[2] Virgina S, Jody K.Music therapy-assisted childbirth[J]. International of Childbirth Education, 1991, 6(4): 32-33.

[3] Cornel EB, van Haarst EP, Schaarsberg RW, et al. The effect of biofeedback physical therapy in men with Chronic Pelvic Pain SyndromeType Ⅲ [J]. Eur Urol, 2005, 47(5): 607-611.

[4] Wade JB, Dougherty LM, Archer CR, et al. Assessing the stages of painprocessing : a multivariate analytical approach[J]. Pain, 1996, 68(1): 157-167.

[5] Mitchell L A, MacDonald R A R. An experimental investigation of the effects of preferred and relaxing music listening on pain perception[J]. Journal of Music Therapy, 2006, 43(4): 295-316.

[6] Wade JB, Dougherty LM, Hart RP, et al. Patterns of normal personality structure among chronic pain patients[J]. Pain, 1992, 48(1): 37-43.

[7] Gallagher RM, Verma S, Mossey J. Chronic pain, Sources of late-life pain and risk factors for disability[J]. Geriatrics, 2000, 55(9): 40-47.

[8] Weisberg MB, Clavel AL Jr. Why is chronic pain so difficult to treat? Psychological considerations from simple to complex care[J]. Postgrad Med, 1999, 106

(6): 141-160.

[9] Wambach S, Rohr P, Hauser W. Abuse of opioid therapy in somatoformpain disorder. A contribution from a psychosomatic / pain therapist point of view to the discussion of the indication of opioids in nonmalignant pain based on 8 cases[J]. Schmerz, 2001, 15(4): 254-264.

[10] Kristen H, Lukeschitsch G, Plattner F. Thermography as a means for quantitative assessment of stump and phantom pains[J]. Prosthet Orthot Int, 1984, 8(2): 76-81.

[11] Ramachandran VS, Rogers-Ramachandran D, Stewart M. Perceptual correlates of massive cortical reorganization[J]. Science, 1992, 258(5085): 1159-1160.

[12] Jenkins WM, Merzenich MM, Ochs MT, et al. Functional reorganization of primary somatosensory cortex in adult owl monkeys after behaviorally controlled tactile stimulation[J]. J Neurophysiol, 1990, 63(1): 82-104.

[13] Flor H, Denke C, Schaefer M, et al. Effect of sensory discrimination training on cortical reorganisation and phantom limb pain[J]. Lancet, 2001, 357(9270): 1763-1764.

[14] Russell JA, DO gram CD. Brain preparations formaternity-adap-tive changes in behavior and neuroendocrine systems during emer-gency and lattar action[J]. Brain Reas, 2001, 133(1): 38.

[15] Waine J, Broomfield NM, Banham S, et al. Metacognitive beliefs in primary insomnia: deceloping and validating the Metacognitions Questionnaire-Insomnia(MCQ-I)[J]. J Behav Ther Exp Psychiatry, 2009, 40(1): 15-23.

[16] Espie CA, Broomflied NM, Macmahon LM, et al. The attention-intention-effort pathway in the development of psychological insomnia: a theoretical review[J]. Sleep Med Rev, 2006, 10(4): 215-245.

[17] Edinger JD, Means MK. cognitive-behavioral therapy for primary insomnia[J].

Clin Psychol Rev, 2005, 25(5): 539-558.

[18] Richardson GS. Human psychological models of insomnia[J]. Sleep Med Rev, 2007, 8(4): 9-14.

[19] Harvey AG. A cognitive model of insomnia[J]. Behav Res Ther, 2002, 40(8): 869-893.

[20] Harvey AG, Greennall E. Catastrophic worry in insomnia[J]. J Behav Ther Exp Psy, 2003, 34(1): 11-23.

[21] Roth T, Roehrs T, Pies R. Insomnia: pathophysiology and implications for treatment[J]. Sleep Med Rev, 2007, 11(1) .71-79.

[22] Harvey AG, Tang NK, Browning L. cognitive approches to insomnia[J]. Clin Psychol Rev, 2005, 25(5): 593-611.

[23] Tang NK, Anne Schmidt D, Harvey AG. sleeping with the enemy: clock monitoring in the maintaince of insomnia[J]. J Behav Ther Exp Psychiatry, 2007, 38(1): 40-55.

[24] Mercer JD, Bootzin RR, Lack LC. insomniacs' perception of wake instead of sleep[J]. Sleep, 2002, 25(2): 564-571.

[25] Tang NK, Harvey AG. correcting distorted perception of sleep in insomnia: a novel behaviorual experiment?[J]. Behav Res Ther, 2004, 42(1): 27-39.

[26] Tolin DF, Abramowitz JS, Przeworski A, et al. Thought suppression in obsessive-compulsive disorder[J]. Behav Res Ther, 2002, 40(11): 1255-1274.

[27] Harvey AG.the attempted suppression of pre-sleep cognitive activity in insomnia [J]. Cognitive Ther Res, 2003, 27(6), 593-602.

[28] Phumdoung S, Good M. Music reduces sensation and distress of labor pain[J]. Pain management nursing, 2003, 4(2): 54-61.

[29] Maranto, R.W. Music Therapy in Medicine, in obstetrlcal applications of audio analgesia: Hospitaltopics[C]. MeDowell, C.R, 1966: 44, 102-104.

[30] Rassell K P. Psychop rophglaxis: the Lamaze technique for prepared childbirth

N Pemoli ML: Current Obstetric and Gynecological Diagnosis and Treatment[J]. Califormia Appieton and lange, 1991, 222.

[31]Sammons L N. The use of music by women during childbirth[J]. Journal of Nurse-midwifery, 1984, 29(4): 266-270.

[32]Gonzalez C E. The Music Therapy-Assisted Childbirth program: A study evaluation [J]. Journal of Prenatal & Perinatal Psychology & Health, 1989. 4(2), 111-124.

[33]Durham L, Collins M. The effect of music as a conditioning aid in prepared childbirth education[J]. Journal of Obstetric, Gynecologic, & Neonatal Nursing, 1986, 15 (3): 268-270.

[34]Clark M E. Music therapy-assisted childbirth: A practical guide[J]. Music Therapy Perspectives, 1986, 3(1): 34-41.

[35]Stevens, K M (1992). Stevens K M. My room-not theirs! a case study of music during childbirth[J]. Australian College of Midwives Incorporated Journal, 1992, 5(3): 27-30.

[36]Browning C A. Using music during childbirth[J]. Birth, 2000, 27(4): 272-276.

[37]Browning C A. Music therapy in childbirth: Research in practice[J]. Music Therapy Perspectives, 2001, 19(2): 74-81.

[38]Liu Y H, Chang M Y, Chen C H. Effects of music therapy on labour pain and anxiety in Taiwanese first-time mothers[J]. Journal of clinical nursing, 2010, 19(7-8): 1065-1072.

[39]Geden E A, Lower M, Beattie S, et al. Effects of music and imagery on physiologic and self-report of analogued labor pain[J]. Nursing research, 1989, 38(1): 37-41.

[40]Barbieri J M. Addressing Perceived Pain in Childbirth: A Music Therapy Voicework Intervention Design[D]. Concordia University, 2015.

[41]Mitchell L A, MacDonald R A R. An experimental investigation of the effects of preferred and relaxing music listening on pain perception[J]. Journal of Music Therapy, 2006, 43(4): 295-316.